AF592132

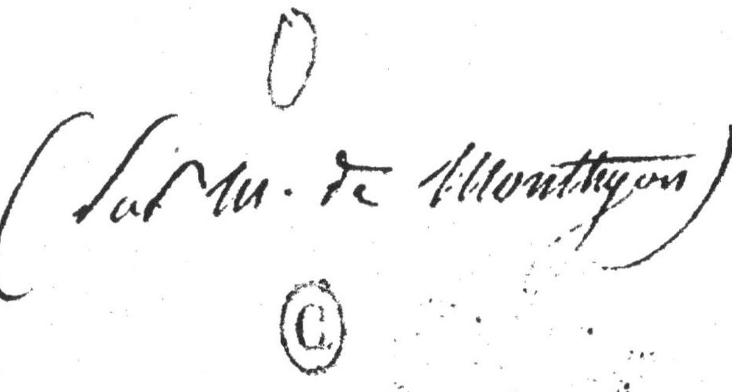

EXPOSÉ STATISTIQUE

DU

TUNKIN,

DE LA

COCHINCHINE, DU CAMBOGE, DU TSIAMPA, DU LAOS, DU LAC-THO.

Par M. M—N.

SUR LA RELATION DE M. DE LA BISSACHERE.

MISSIONNAIRE DANS LE TUNKIN.

TOME PREMIER.

LONDRES:

De l'Imprimerie de Vogel et Schulze, 13, Poland Street;

SE VEND CHEZ MM. DULAU ET CO., SOHO SQUARE; DEBOFFE, NASSAU STREET; L. DECONCHY, NEW BOND STREET; N. L. PANNIER, LEICESTER PLACE, LEICESTER SQUARE; ET CHEZ TOUS LES PRINCIPAUX LIBRAIRES DU ROYAUME UNI.

MDCCCXI.

INTRODUCTION.

(1) Les voyages faits autour du monde dans le cours du dix-huitième siècle, les mers reconnues dans presque toute leur étendue, la Mer du Sud qui, jusqu'à ces derniers temps, avait été peu fréquentée, parcourue dans diverses directions, nous ont offert la vue générale du globe que nous habitons; et ont mis en évidence les mers navigables et les terres habitables. Il ne paraît pas possible que désormais on découvre un nouveau continent, ni même de grandes îles. Le temps est donc arrivé de recueillir le fruit de ces pénibles et dangereuses recherches : il ne nous reste aujourd'hui, qu'à constater quelles valeurs renferme chaque contrée, et quelles sont les qualités distinctives de leurs habitans; il

faut tendre à rapprocher, par des communications sociales, ce qui est placé à de grandes distances ; et à établir entre les peuples des relations qui mettent en commun les biens dont la nature a doté chacun d'eux, les produits de leurs procédés industriels, leurs connaissances scientifiques ; et en réunissant ainsi leurs moyens, en les associant dans leurs jouissances, en imprimant un caractère de fraternité à tous les membres de la grande famille qui compose l'espèce humaine, l'élever à un haut degré de puissance, l'appeler à une grande somme de bonheur.

On a déjà ouvert cette carrière ; on y a même fait de grands pas ; cependant on est encore fort éloigné du but. Dans presque toutes les contrées situées à une grande distance de l'Europe, où l'Européen n'a point étendu sa domination, et où il n'a point d'établissement de commerce, on n'a vérifié que l'étendue, la configuration, le gissement des côtes.

(2) Les pays situés à l'orient du continent de l'Asie, sur une partie desquels nous allons porter nos regards, ne sont que récemment et imparfaitement connus. Le Kamshatka n'a été accessible que depuis que les

Russes en ont fait la conquête en 1697. Peu de voyageurs ont pénétré dans la Corée, et dans la Tartarie russe et chinoise, même dans la Chine, si on en excepte la province de Canton.* Les pays plus méridionaux n'ont été que temporairement ouverts aux Europeens.

Si cette côte est peu connue, il n'est pas fort important qu'elle le soit mieux dans la partie septentrionale. D'abord, il est constant aujourd'hui que le passage par le Kamshatka de l'Océan Atlantique dans l'Océan Pacifique, passage auquel on attribuait la plus grande importance, n'est que d'un faible intérêt pour le commerce; parce que la fonte tardive des glaces force à de longues stations; et que les navires dans cette navigation ne pouvant tirer que peu d'eau, ne sont point propres à porter de grandes charges. D'autre part, une grande partie des habitans septentrionaux de cette côte, sont des sauvages féroces avec qui la communication est dangereuse, et les relations de commerce ne peuvent être assurées; et ceux d'un caractère plus sociable, étant sans

---

* La nouvelle s'était répandue que les Anglais avaient obtenu la permission d'aller de Canton à Pekin, mais c'était un faux bruit.

grands produits territoriaux et sans industrie, le commerce n'en tire que des pelleteries; et encore dans cette partie, la Californie peut entrer en concurrence, peut-être même avec avantage.

Cette côte, en s'éloignant du nord et à la hauteur de la Chine méridionale, présente des objets agréables, des contrées, des peuples plus dignes d'être observés, et avec lesquels la communication est plus importante; et ce brillant et riche spectacle se prolonge, et acquiert un nouvel éclat dans la presqu'île de l'Inde au-delà du Gange. Là se découvre un nouvel horizon dans l'ordre physique, commercial, moral, politique: ces pays offrent, pendant un grande partie de l'année, une des habitations les plus délicieuses qui puissent être obtenues sur la terre: un sol qui sans travail, ou pour prix d'un faible travail, fournit tout ce qui est nécessaire aux besoins de l'homme et même à ses jouissances, nombre de marchandises que l'Europe va chercher dans les autres parties de l'Inde et en Chine, et qui peuvent lui être livrées à un moindre prix.

Dans ces contrées une des nations la plus avancée dans la civilisation, une de celles qui mérite le plus d'être connue, une de celles qui l'est le moins, parce que l'introduction dans son territoire a presque toujours été interdite aux Européens, c'est la nation Tunkinoise; originaire de la Chine, en ayant tiré sa religion, ses lois, ses mœurs, ses usages; inférieure en quelques parties à son modèle, dans d'autres l'ayant perfectionné ou réformé, évidemment supérieure en morale et en courage.

Le Tunkin et la Cochinchine, après de longues et funestes dissensions, après avoir subi tous les désastres qu'entraînent les révolutions et les guerres intestines, viennent de prendre consistance et stabilité. Leur souverain formé par le malheur, la grande école des hommes, et surtout des rois, s'est montré le plus grand général, le plus grand politique, le plus grand homme de l'Asie; expulsé de ses états héréditaires, il les a recouvrés; et joignant à des droits héréditaires le droit de l'épée, il a réuni sous sa domination le Tunkin, la Cochinchine, le Tsiampa, le Camboge, le Laos, le Lac-tho, et est devenu plus puissant qu'aucun de ses prédécesseurs. Le Tunkin, état, qui seul est beaucoup plus peuplé et plus riche que les cinq autres, a été érigé en empire, et par cette érection semble soustrait à la suprématie de la Chine dont il avait toujours été dépendant.

La description de ces pays, et le portrait de ces nations, doivent attirer et fixer l'attention des hommes dont la manière de voir diffère le plus. Un sentiment d'humanité porte à observer quels sont, dans toutes les contrées, les dons de la nature, et dans quel état est l'industrie; une juste curiosité recherche quelles sont les opinions religieuses, les institutions, les sciences, les arts. Le commerçant peut trouver dans ces notions matière à des échanges avantageux; l'homme d'état peut y fonder des spéculations politiques; pour le philosophe, c'est une page de plus dans l'histoire de l'homme.

(3) Qu'il nous soit permis d'ajouter, qu'il n'en est pas de la relation présentée ici au public, comme de tant de relations de pays éloignés, qui quelquefois n'ont pour bases que des conversations avec des nationaux, souvent incapables de donner de justes renseignements sur l'état de leur patrie; ou des journaux de navigateurs, qui ne sont entrés que dans des rades, et dans des ports, et qui quand ils auraient pénétré dans l'intérieur des terres,

n'auraient pu apprécier que ce qui est relatif à la navigation, ou des observations de voyageurs qui n'ont fait que traverser les pays qu'ils décrivent, et souvent même en ont ignoré la langue. Cette notice du Tunkin et des pays adjacens a été obtenue par les mêmes moyens, qui ont donné à l'Europe les premiers renseignemens certains sur la Chine. C'est une exposition de faits constatés par Monsieur de la Bissachère, missionnaire français, le seul européen qui, après avoir habité le Tunkin réside actuellement en Europe.*

M. de la Bissachère a passé dix-huit années dans le Tunkin, et la Cochinchine, les a parcourus dans presque toute leur étendue, ainsi que la plupart des états adjacens ; il en entend et en parle la langue, et a été en relation avec toutes les classes des habitans de ces pays. Père temporel, confident, conseil des chrétiens, qui, dans ces pays, sont en assez grand nombre, il a été en société avec les

---

* Il est possible qu'il y ait à Rome un autre missionnaire qui ait pénétré dans le Tunkin. M. de la Bissachère a amené avec lui en Angleterre un jeune Tunkinois, le seul homme de cette nation qui soit en Europe.

plus grands personnages de l'Etat, souvent en conférence avec les mandarins; il a eu lui-même un brevet de mandarin; des tunkinois ont été par ordre du gouvernement attachés à son service personnel; plusieurs fois il a été admis à l'audience de l'Empereur.

Sur des faits sur lesquels il n'a pu fournir de notions, on en a eu indépendamment de lui par la communication de mémoires, et de lettres de personnes, qui ayant résidé dans ces contrées, ont eu part aux événemens qui y sont survenus, et à tous les titres méritent confiance.

Cependant, on ne doit pas s'attendre à trouver ici des notions statistiques, aussi complètes, aussi précises que celles qui peuvent être formées sur des pays européens, où des cartes géographiques ont été levées par des procédés géométriques, où sont tenus des états exacts de la population, des récoltes, des travaux des arts, des importations, des exportations, et où cette surveillance ministérielle est encore secondée par des observations scientifiques; mais on a rassemblé ce qui peut, à défaut de ces moyens, donner instruction ; on a eu attention de marquer le degré de certitude des assertions ; et sur les objets dont on n'a pu obtenir connaissance, on n'a point rougi de déclarer qu'on ignorait. Enfin, on a joint à l'exposition des faits l'observation des causes qui les ont produits, et des conséquences qui en ont résulté et qui pourront en résulter ; seul moyen de faire servir la notion de ce qu'est un peuple à l'instruction des autres.

EXPOSÉ STATISTIQUE
DU
TUNKIN.

PREMIERE PARTIE.

CHAPITRE I.

Dénomination du Tunkin et autres Etats sous la Domination de l'Empereur du Tunkin.

(1) L'EUROPE a falsifié les noms de la plupart des pays et des peuples asiatiques. L'empire qu'elle nomme Chine porte en Asie le nom d'empire du *Catay**. La presqu'île à laquelle touchent les

* Il est cependant quelques peuples qui, peut-être à l'exemple des européens, l'appellent la grande Chine; d'autres lui donnent un nom qui signifie royaume du milieu. Les Européens n'ont pas moins falsifié les noms des professions et des personnes que les noms des lieux; la véritable dénomination des Janissaires est *Gengi-cheris*; les fonctionnaires publics que nous nommons Man-

Européens à leur arrivée en Chine, *Macao* se nomme *Gaumin.* La ville de Chine où il est permis aux Européens de résider, *Canton* se nomme *Quan-Doung.* Les îles du Japon sont les îles de *Ziangri.* Le royaume de Siam se nomme *Menaug-tai,* qui signifie royaume libre, et la ville capitale appelée Siam, *Sy-hé-thi-ya*; les îles Maldives portent le nom de *Malereque*; la Perse, depuis l'extension de cet état, s'appelle *Iran*; la Syrie, se nomme *Sham*; les Tartares, peuple si connu en Europe, se nomment *Tatars.*

(2) La dénomination du Tunkin n'est pas plus exacte: le pays ainsi nommé en Europe s'appelle *Nuoc-anam,* ce qui signifie royaume d'Anam, et les habitans s'appellent *Anamites,* habitans d'Anam. Sous cette dénomination, d'Anam, sont compris le Tunkin, et la Cochinchine démembrement du Tunkin. Pour les distinguer, on nomme la Cochinchine *Dang-trong,* ce qui signifie royaume du dedans: et le Tunkin *Dang-ngay,* royaume du dehors.

L'erreur de nom est venue de ce qu'on a attribué à l'état la dénomination de sa capitale, qui, pendant un temps, s'est appelée *Dong-*

---

darins, se nomment en Chine et dans le Tunkin *Quang* ou *Quang-fu.* Le mot mandarin est Portugais; c'est un dérivé du mot *mandar* qui, en Portugais, signifie ordonner. Le fameux philosophe que nous appelons Confucius, se nomme *Confutzée*; Zoroastre, se nomme *Zerdust.*

Kinh (*) ; *Dong* signifie l'est, *Kinh* signfie ville ou rassemblement d'hommes policés. Depuis l'extension de la domination de l'empereur du Tunkin, cette ville se trouvant au nord de ses états, a pris le nom de *Bac-Kinh*, ville du nord (†).

Le Camboge a le même nom en Europe et dans l'Inde ; mais le pays que nous nommons Tsiampa se nomme *Binh-tuam*, et le Laos se nomme *Lao*, ou par une particularisation plus précise *Muong-lao*. Le nom du *Lac-tho* n'est point connu en Europe. La plus belle baie de ces pays que les Européens nomment Touron, se nomme *Han* ou *Cua-han*, ce qui signifie Port de *Han*.

Quelque fautives que soient ces dénominations, comme elles sont généralement admises, nous les adopterons afin d'éviter la confusion des idées (‡). Nous croyons devoir prévenir que

---

(*) Dans une grande partie de l'Asie, le *d* se prononce comme le *t*, et les Européens ont pris l'habitude d'écrire Tunkin au lieu de Dong-Kinh.

(†) Les dernières classes du peuple dans un langage qui leur est particulier, et qui est une espèce de patois, appelaient cette ville *He-Cho* et l'appellent actuellement *He-Bac*.

(‡) Ce n'est pas seulement dans la dénomination des états et villes de l'Asie que l'Europe s'est trompée : elle n'a pas été plus exacte dans la nomenclature de l'Afrique, quoiqu'elle soit à une plus grande proximité, et que les relations de ces deux parties du monde aient été plus anciennes et plus intimes. Le

le Tunkin étant sous tous les rapports d'étendue, de population, de richesse, plus considérable et plus important sans comparaison que les autres états, soumis à la domination de l'empereur, quelquefois ce qui sera dit du Tunkin, devra être entendu de tous ces états, sans qu'il soit nécessaire de les spécifier nommément.

(3) Nos notions sur les titres asiatiques, et sur la valeur qui y est attribuée, ne sont pas plus exactes ; le titre de roi n'indique qu'un prince feudataire ou même sujet d'un autre. Il y a quelques années, c'était le titre du souverain du Tunkin, feudataire de la Chine ; et même du souverain de la Cochinchine, feudataire de ce feudataire. Quelquefois même de simples gouverneurs de provinces se sont arrogés ce titre, comme équivalent de celui de régent ; et souvent l'ignorance européenne a admis leurs orgueilleuses pré-

---

pays que nous nommons Egypte, s'appelle dans ce pays *Missir*, et dans toute l'Asie *Misram* ; cette partie du monde que nous nommons Afrique, s'appelait anciennement *Lybie.* Les Romains ayant eu de grandes et longues guerres avec Carthage, qui était située dans une contrée nommée Afrique, ont donné le nom de cette contrée à toute cette partie du monde, et ce nom lui est resté.

Les anciens ne se sont pas moins trompés que les modernes dans leur dénomination des pays et des habitans de l'Asie, et Quintecurce en écrivant les conquêtes d'Alexandre dans l'Inde, cite nombre de noms qui ne sont point Indiens.

tentions aux prérogatives éminentes attribuées à ce titre en Europe (*).

(*) L'évaluation du titre de roi en Asie n'est pas bien différente de celle qui a eu lieu autrefois en Europe, et qui a subi de grandes variations. Vers la fin de la république romaine, et dans les premiers temps de l'Empire Romain, ce titre était si dégradé du moins à Rome, qu'il était réputé inférieur à la simple qualité de citoyen romain. Lors de l'établissement de l'Empire d'Occident, les Empereurs prétendaient une suprématie juridictionelle sur les rois; il n'y a pas plus de cent cinquante ans que plusieurs rois européens n'obtenaient point de la chancellerie allemande la qualification de majesté, tandis que le titre d'empereur, qui est aujourd'hui le plus haut degré de la puissance sociale, n'a été, dans son origine, que la dénomination d'un général.

CHAPITRE II.

Aspect Géographique.

(1) Les états sous la domination de l'empereur du Tunkin, sont situés dans la presqu'île de l'Inde au-delà du Gange, et s'étendent depuis le neuvième degré de latitude septentrionale jusqu'au 23ème, et en longitude depuis le 118ème degré trente minutes jusqu'au 127ème trente minutes, à compter de l'île de Fer (*).

(*) Comme il n'existe point encore de carte de la presqu'île de l'Inde au-delà du Gange, qui puisse mériter confiance, nous devons avertir, que nous ne pouvons nous flatter de présenter ici l'état géographique de ces contrées avec certitude et précision. La position des terres dans cette région est assez mal connue. On a long-temps cru que le Japon était sous le même méridien que le Kamtchatka, et ce n'est que depuis quelques années qu'on sait qu'il est plus à l'ouest de onze à douze degrés. La superficie des pays asiatiques n'est gueres mieux connue, excepté les possessions britanniques qui ont été mesurées géométriquement par le célèbre Major Rennell. Même sur l'étendue des pays qui

Ces états sont bornés au nord par la Chine, à l'est par la Chine et par la mer de Chine (*), au sud par cette même mer, à l'ouest par le royaume de Siam.

(2) Par une description plus particularisée de chacun de ces états, on peut estimer que le Tunkin s'étend depuis le dix-septième degré de latitude jusqu'au vingt-troisième, et en longitude depuis le 118ème jusqu'au 127ème 30 minutes; il tient au sud à la Cochinchine et au Laos, au nord à la Chine par la province du Canton, à l'est à cette même province et à la mer de la Chine, qui forme un golphe qui prend son nom

---

tiennent à l'Europe ou qui en font partie, il y a une grande variété d'estime. La Russie, suivant, Voltaire, a une superficie de 1,100,000 lieues quarrées, ce qui est évidemment exagéré; suivant Muller, cette superficie est de 500,000 lieues, de 25 au degré; suivant Bushing, elle est de 300,000 lieues, mais il paraît que ce sont des lieues d'Allemagne, ce qui ne s'éloignerait pas beaucoup de la supputation de Muller. Les géographes anglais donnent à la Russie 4,025,485 milles quarrés, ce qui revient à 446,165 lieues de 20 au degré. Ce n'est que depuis peu de temps qu'on connaît exactement la superficie de la France, qui était, avant la révolution de 26,954 lieues quarrées, de 25 au degré.

(*) Il est d'usage de donner ce nom à la mer qui borde les côtes de la Chine, et de la péninsule de l'Inde au-delà du Gange à l'est et au sud. Plus loin à l'ouest, la mer prend le nom de mer de l'Inde; au-delà des Philippines, elle se nomme Mer du Sud, ou Mer Pacifique; à l'est, à une certaine distance des côtes de Chine, elle se nomme Mer Orientale.

du Tunkin, à l'ouest au Laos, au Lac-Tho, et encore à la Chine par les provinces du *Yun-an*, et *Kuan-si*. Les points de contact du Tunkin avec la Chine sont pour la plupart des déserts, dont les eaux sont mal saines; et les limites des deux états n'ont point été, et ne sont point encore déterminés. Entre le Tunkin et la province de Canton, sont des montagnes inaccessibles qui ne laissent qu'un intervalle dont le passage est fermé par une muraille, dont une porte est gardée du côté de la Chine, et une autre du côté du Tunkin. Cet état est divisé en dix provinces dont les quatre situées aux extrémités, portent chacune le nom d'un des points cardinaux auxquels elles répondent. La capitale de l'état se nomme *Bac-Kinh*, nom aujourd'hui plus en usage que celui du *Keeho*, nom originaire.

La Cochinchine est une longue langue de terre sur le bord de la mer de Chine, qui, avant les conquêtes qui l'ont agrandie, n'était estimée avoir que 80 lieues de longueur du nord-ouest au sud-est. Aujourd'hui, en y comprenant la partie du Camboge qui y est réunie, et le Tsiampa qui y est englobé, elle se prolonge depuis le 9ème degré de latitude jusques vers le 17ème. La largeur est fort inégale, dans la plus grande dimension elle est de 20 à 25 lieues; il est quelques parties, où, de la mer au pied des montagnes inhabitables, cette largeur n'est pas de plus d'une lieue. Elle se divise en haute, centrale et basse. La capitale de la haute est *Phu-Suan* ; la centrale a deux capitales *Qui-nhon*, et *Qui-phu* ; la capitale de la basse est *Say-gon*, qui, située dans la province de *Dong-nay*, en a porté le nom jusqu'au temps où ayant été fortifiée, elle a pris son nom actuel. Cet état tient du nord au Tunkin, de l'est et du sud à la mer de Chine, de l'ouest au royaume de Siam, au Camboge, au Laos. Il est séparé du Tunkin par une chaîne de montagnes qui ne laisse qu'un intervalle d'environ trois quarts de lieue, fermé par une muraille.

Le Tsiampa, qui est enfermé dans la Cochinchine, lui tient au nord et au midi, à l'est à la mer de Chine, à l'ouest au Camboge ; c'est un petit pays montagneux, qu'on peut traverser en trois jours de marche ; il peut se diviser de l'est à l'ouest en trois parties : la partie orientale est un désert composé de montagnes dont quelques-unes ont leur pied jusques dans la mer, elles sont si ardues qu'un cheval ne peut y grimper ; c'est à travers ces montagnes qu'on passe pour se rendre de la basse Cochinchine à la Cochinchine centrale, et il n'y a point d'eau potable dans une grande partie de cette route : la partie mitoyenne du Tsiampa est habitée et cultivée. Le Tsiampa occidental, est un pays de montagnes où quelques sauvages sont errans.

Le Camboge commence un peu au dessus

du neuvième degré de latitude, et finit au douzième ; il tient à l'est à la Cochinchine et au Tsiampa, à l'ouest au royaume de Siam, au nord au Laos, au sud à la Cochinchine ; une partie de ce pays a été conquise et incorporée à la Cochinchine.

Le Laos s'étend du douzième degré de latitude au 18me ; il tient du nord au Lac-tho et au Tunkin, du midi au Camboge, à l'est au Tunkin ét à la Cochinchine, à l'ouest au royaume de Siam.

Le Lac-tho, pays peu étendu, mais qui cependant forme un royaume, a été omis dans les cartes géographiques ; il tient du sud au Laos, du nord et de l'est au Tunkin, de l'ouest à la Chine.

(3) Presque tous ces états sont séparés par des chaînes de montagnes, barrières naturelles et bases des premières limites politiques ; les habitants des enceintes, tracées par ces montagnes, se sont érigés en corps de nations, qui subsistent encore aujourd'hui distincts les uns des autres, quoique reconnaissant un même souverain. Une chaîne de montagnes perpendiculaire du nord au midi sépare le Tunkin et la Cochinchine du *Lac-tho*, du *Laos*, du *Camboge*. Une autre chaîne de montagnes, ayant à-peu-près la même direction, sépare ces trois états du royaume de Siam et de la Chine ; s'abaisse à mesure qu'elle s'approche du sud, et vient finir au cap de Camboge, le cap du conti-

nent de l'Asie, le plus proche de l'équateur en tirant vers l'orient.

Des montagnes dans la direction de l'est à l'ouest, divisent le Tunkin en deux parties, dont la septentrionale est beaucoup plus grande que la méridionale; et ces montagnes par leur prolongation, séparent le Lac-tho du Laos; d'autres, orientées de même, séparent le Tunkin de la Cochinchine. La basse Cochinchine est aussi séparée de *Tsiampa*, par des montagnes toujours dans la même direction. Plusieurs de ces pays en contiennent grand nombre dans leur intérieur; les plus belles plaines du Tunkin en sont entourées; le Lac-tho, le Laos, le Tsiampa en sont des groupes; mais dans tous ces pays, les vallées que forment les intervalles de ces montagnes, sont très-agréables et très-fécondes.

Plusieurs de ces montagnes sont très-élevées, et coupées presque à pic, la hauteur n'en a point été mesurée; mais on estime que s'il était possible de parvenir à leur cime, sans faire de détour, il ne faudrait pas moins de deux heures de marche, eu égard à la rigidité de la pente.

(4) Il est peu de pays, si toutefois il en est aucun, plus arrosé que le Tunkin et la basse Cochinchine.

On compte dans le Tunkin plus de cinquante fleuves, ayant leur embouchure dans la mer. Celui de ces fleuves qui a un plus long cours, est formé par la réunion de rivières, dont l'une prend sa source dans la Chine, il passe au pied de *Bac-Kinh* capitale du Tunkin, et dans plusieurs villes de cet état ; il contient dans son lit nombre d'îles, va se jeter dans le golphe, et, à son embouchure, est obstrué par une barre, mais qui n'empêche pas des bâtimens chinois, qu'on nomme sommes, de remonter ce fleuve jusqu'à Bac-Kinh.* Ces sommes portent de quatre à cinq cents tonneaux, mais elles sont construites de manière à tirer peu d'eau.

Le Camboge, fleuve qui prend sa dénomination du royaume où est sa source, arrose la basse Cochinchine, passe au pied de sa capitale, et a son embouchure dans la mer de Chine au sud-sud-est. Ce fleuve est le plus grand et le plus beau de ce pays; à une très-grande distance de la mer, il n'a pas moins de deux milles de largeur, et toujours une telle profondeur que des vaisseaux du premier rang peuvent remonter jusqu'à vingt lieues dans l'intérieur des terres ; à son embouchure sont quelques bancs de sables, mais qu'il est facile d'éviter.

Le Lac-tho et le Laos, sont dépourvus de

---

* Il y a environ cent cinquante ans, les navires hollandais remontaient ce fleuve jusqu'à quinze lieues au-dessous de Bac-King, mais on croit qu'ils se faisaient remorquer.

fleuves, de rivières, de canaux; ce qui met un grand obstacle au débouché de leurs denrées, et à leur communication avec les pays voisins.

(5) La coupe des côtes du Tunkin est avantageuse, en ce que formant un golphe, elles facilitent la communication entre les diverses parties de cet état; mais la plupart de ces côtes sont entourées de bas fonds qui se prolongeant dans la mer à une plus grande distance, en interdisent l'approche aux grands bâtimens.

Le lit de presque tous les fleuves a peu de profondeur; et leur embouchure est obstruée par des barres.

Le grand fleuve du Tunkin quoiqu'il soit le plus fréquenté, n'est pas celui où on trouve le plus de fond; mais les autres ou ne pénétrent pas à une grande profondeur dans l'intérieur des terres, ou ne sont navigables pour de grands vaisseaux qu'à peu de distance de la mer.

Au-dessus de l'embouchure du grand fleuve et plus au midi, est une rade qui peut recevoir les plus grands vaisseaux, et qui entourée de tous côtés par des montagnes, met à l'abri de tous les vents. Mais ces montagnes sont arides et désertes: à leur pied, dans le fond de la rade, il n'y a qu'un petit village habité par des pêcheurs; et on n'y peut rien trouver de ce qu'exige une relâche après une longue navigation. D'ailleurs, on ne peut sortir de cette rade que par un seul vent; et quelquefois on est obligé de l'attendre long-temps. Dans tout le Tunkin il n'y a pas un port où puissent entrer des vaisseaux de roi.

Dans la haute Cochinchine, à seize degrés sept minutes dix-huit secondes de latitude,* est la baie de *Han*, autrement dite *Turon*, une des plus belles qui existe sur le globe, les vaisseaux y sont à l'abri de tous les vents, et il en peut tenir un très-grand nombre.

Dans la basse Cochinchine est une autre rade, située à environ deux milles au sud de l'embouchure du Camboge. Cette rade connue en Europe sous le nom de St. Jaques, est fort inférieure à celle de *Turon*, et cependant c'est là que sont en station les vaisseaux de l'état pour être plus a portée de remonter par le Camboge jusqu'à la capitale de la basse Cochinchine, où est placé un grand arsenal maritime.

(6) Près des côtes du Tunkin sont quelques îles qui peuvent être des ressources pour la navigation, et suppléer à l'imperfection des ports et des rades. Au-dessous de l'embouchure du grand fleuve du Tunkin à environ une lieue de la côte, est l'île de Bien-Son, où se trouve une rade ouverte à l'ouest, qui défend de trois vents, est, sud et nord, et du côté de l'ouest l'action du vent est

---

* Cette latitude est exacte, elle a été prise il y a quelques années par les Anglais.

contenue par le continent, le fond en est bon et tel que des vaisseaux de roi peuvent y entrer. L'île n'a qu'une lieue ou une lieue et demie de tour; le sol en est stérile; l'eau y est bonne et saine; il y a un village de 7 ou 800 habitans. Vers le 18me degré de latitude et environ à deux lieues de la côte, est l'île de *Mée,* île couverte de bois et inhabitée; la rade est assez bonne pour le fond, mais battue de plusieurs vents. Au sud de la Cochinchine sont plusieurs petites îles qui en dépendent, la seule habitée est celle de *Pulo-condor.*

CHAPITRE III.

Aspect Météorologique.

(1) Le Tunkin et les pays adjacens, par le climat dont ils jouissent et qui est commun à une partie de l'Asie méridionale, forme une des habitations de la terre la plus heureuse, la nature s'y montre sous l'aspect le plus agréable, et se signale par de grands bienfaits. Une chaleur tempérée produit une fermentation douce et continue, anime et vivifie tout ce qui en est susceptible ; le sol est fecondé ; tous les sens donnent des jouissances ; l'air est embeaumé par l'odeur qui émane des végétaux ; le goût est satisfait par l'excellence de leurs fruits ; la beauté des fleurs, la richesse territoriale offrent un spectacle enchanteur. Qui n'a pas habité ces charmantes contrées, qui ne s'y est pas trouvé au milieu des jardins couverts d'orangers et d'arequiers,

qui n'y a pas respiré au lever de l'aurore les premières émanations de la nature renaissante, ne peut avoir qu'une idée imparfaite des sensations délicieuses, dont nos organes sont susceptibles. Que ce parfum est préférable à ceux que forme l'art, et qui n'affectent agréablement nos organes qu'en les altérant : c'est là que tous les principes de la vie sont dans une douce activité, et qu'une sensation de volupté pure pénétrant dans tout l'être, fait connaître, par les affections qu'elle communique à l'âme, le bonheur de l'existence.

(2) Ce pays est exempt de fléaux dont sont atteintes nombre d'autres contrées ; de cette froidure, qui, continuellement près des pôles et temporairement près des zones tempérées, condense et anéantit la végétation; il n'est point infecté de ces excréments de l'atmosphère, qui ailleurs souillent et dégradent le sol, la neige, la grêle, la glace qui le paralise et l'ensevelit. Quoique placé sous la zone torride, le Tunkin n'éprouve point ces chaleurs brûlantes, qui stérilisent et rendent presque inhabitables les contrées de l'Afrique, situées au même degré de latitude. Non-seulement comme dans toute l'étendue de cette zone la durée des nuits étant égale à-peu-près à celle des jours, produit un rafraîchissement constant dans la température ; mais la chaleur est modérée par des pluies habituelles, par la proximité de la mer, par des vents d'est qui n'atteignant la terre qu'après avoir parcouru le vaste espace qu'occupe la mer à cette

hauteur, sont empreignés de particules aquatiques. Nombre de fleuves, de rivières, de ruisseaux, de canaux, les inondations, les irrigations qu'exige le riz, humectent l'air par leurs évaporations.

Cependant cette douceur générale et constante de la température n'est pas sans quelques inégalités; il est des temps où la chaleur est à un haut degré d'intensité, mais jamais à un tel excès qu'elle opère le desséchement du sol, et fasse périr les plantes. Il survient aussi dans quelques temps un froid que les habitans nomment vif, parce qu'ils n'en connaissent point de semblables à ceux du nord, et même à ceux des zones tempérées; car la froidure de ces pays n'est jamais telle que l'on soit obligé de se chauffer, et on n'a recours au feu que pour la cuisson des alimens, ou pour les opérations des arts.

(3) On rapporte de la susceptibilité de l'air de ces pays, des effets biens surprenants et presque incroyables. On prétend que les femmes dans le temps de leurs maladies périodiques, produisent un telle révolution atmosphérique, qu'elles flétrissent autour d'elles, ou même font périr les êtres faibles et délicats; que, si elles approchent des enfans nouveaux-nés, elles peuvent les rendre malades; que, si elles entrent dans une chambre ou sont renfermés des vers à soie, leur présence les tue; dans un jardin où on cultive le bétel, elles en détériorent les feuilles; il est même des arbres qu'elles font périr; si elles se baignent dans les ri-

vières, les poissons qui sont dans cette eau, viennent à la surface et paraissent souffrir, quelques-uns contractent des maladies, quelques-uns meurent ou leur chair se corrompt ; si elles passent auprès des filets pendant qu'on les teint, elles en corrompent la soie, et empêchent la teinture de prendre ; et on est autorisé à leur demander une indemnité ; cependant toutes les femmes ne produisent pas également ces pernicieux effets ; et il en est qui par la pureté de leur constitution, n'ont aucune exhalaison nuisible.

Un cadavre qu'on porte en terre, si le cercueil n'est pas hermétiquement fermé, en passant près d'un jardin de bétel, peut en vicier le fruit, et après quelques temps faire périr les arbres ; on prétend même que, par des évaporations d'un cadavre jeté dans un chemin, des passans ont perdu la vue. Il est possible et même vraisemblable que, dans ces relations, il y ait exagération ; mais, du moins, il paraît certain que l'influence des exhalaisons qui peut être observée en tous les pays, est dans celui-ci plus active et plus grave. Cette influence se manifeste sensiblement sur les métaux, et on est obligé d'aiguiser les instrumens de fer et d'acier, presque à chaque fois qu'on en fait usage.

(4) L'habitude de marquer aux opérations de la nature des limites fixes, pour faciliter les idées qu'on en conçoit, et leur donner de la précision, a fait assigner aux révolutions de la température

quatre saisons divisées en trimestres. Mais la nature, dans son cours, ne se soumet point à l'exactitude de ces partitions; il n'existe réellement que deux saisons essentiellement marquées par les termes extrêmes de la température, et les deux autres saisons ne sont que des temps intermédiaires. En conservant ici la division en quatre saisons généralement admise, il faut du moins leur assigner d'autres époques et une autre durée dans le Tunkin : le mois de Février représente le printemps, l'été peut être estimé durer sept mois, qui commencent en Mars, et finissent en Septembre; Octobre et Novembre répondent à ce que nous nommons automne; Décembre et Janvier forme l'hiver, si toutefois il est dans ce pays aucun temps qui puisse mériter ce nom.

Peut-être pour caractériser plus exactement la température de ce pays, faudrait-il fonder la division des saisons sur la sécheresse et sur l'humidité; car il est un temps où il pleut presque continuellement, et dans le reste de l'année les pluies sont fort rares. Ces alternatives de pluies et de sécheresse générales dans presque toute la zone torride, y sont réglées par sémestre; mais dans le Tunkin, elles ne sont ni aussi régulières, ni aussi constantes, et le passage de l'une à l'autre s'opère par gradation; elles commencent un peu avant le mois de Mai, et finissent en Août; c'est le plus haut période de la chaleur, qui est très-vive pendant quelques jours, lorsque les nuages se dissipent.

Les pluies ayant lieu pendant que le soleil est vertical, obstruent l'action de ses rayons quand ils sont les plus ardens ; et comme elles cessent quand ils ne frappent plus la terre qu'obliquement, ce n'est qu'alors qu'ils conservent leur force, ce qui restreint l'inégalité des saisons.

Le climat est sain, mais les mois de Mars, Avril et Mai, commencement de l'été où la nature entre en une plus grande fermentation, sont les plus morbifiques, à cause de l'exhalaison des vapeurs.

(5) Au reste, ce serait concevoir une idée inexacte de ce climat, que se figurer qu'il est le même dans tous les pays que nous décrivons. Tout état, dont l'étendue embrasse un certain nombre de degrés de latitude, a ses zones,* et en outre l'élévation et la direction des montagnes modifient la température à de très-petites distances. Cette loi générale de la nature différentie le Tunkin et les états adjacens, même les diverses provinces de chacun de ces états, même les divers cantons de ces provinces. Et les montagnes qui coupent ces pays, offrent une différente température à leur pied et à leur cime; dans les diverses vallées qui se trouvent

---

* On a observé en France quatre zones marquées par le genre de leurs productions : dans la plus méridionale de ces zones croissent l'olivier, le maïs, la vigne ; dans la 2ème zone, le maïs et la vigne ; dans la 3ème, la vigne ; la zone supérieure ne donne aucune de ces trois productions.

dans leurs enceintes, selon que, par la situation de ces montagnes, l'accès des vents est ouvert ou fermé ; et la différence de température jointe à la différence du sol, introduit diversité dans la nature des productions, ou dans leurs qualités.

De la haute à la basse Cochinchine la différence du climat est marquée, et le changement est sensible à la hauteur de Tsiampa ; après qu'on a doublé un cap que les Européens nomment *Mindin*, les productions sont plus hatives, la récolte de l'aréque s'y fait à la 6ème lune, tandis qu'elle n'a lieu dans la haute Cochinchine et dans le Tunkin qu'à la 9ème lune, et dans cette partie supérieure la récolte du riz est plus tardive d'une lune et demie.

Quoique cette différence de température soit marquée dans les provinces du Tunkin, et que dans les méridionales la chaleur soit plus grande que dans les septentrionales, la chaleur n'y est pas beaucoup plus incommode, parce que ces provinces sont rafraîchies par des vents, qui ne pénètrent point jusque dans les provinces septentrionales, à cause des montagnes qui en arrêtent le cours.

(6) Les vents alizés, qui régnent à ce degré de latitude, soufflent dans ces contrées pendant une partie de l'année du sud ouest au nord est ; et dans l'autre partie du nord-est au sud-ouest.— Quoique ces moussons ne soient pas aussi réglées qu'elles le sont dans quelques autres contrées de

l'Asie. Elles ne laissent pas d'être d'un grand avantage pour les navigations de long cours, parce qu'à une époque à-peu-près fixe, on est sûr d'un vent favorable dans une direction; mais pour le petit cabotage, il en résulte un obstacle aux communications fréquentes entre des pays voisins; cependant pour une courte navigation on peut profiter de quelques brises temporaires, et de quelques vents de terre, pour se rendre à sa destination. Pendant les trois quarts de l'année, il s'élève régulièrement après minuit un vent d'ouest, dont on profite pour la navigation à peu de distance des côtes; et à cette heure les barques des pêcheurs sortent régulièrement des ports. Le long des côtes régnent des courans dont la direction est du nord au sud, ce qui facilite les voyages du Tunkin à la Cochinchine. Les marées sont fort irrégulières, les plus fortes sont en Novembre, Décembre et Janvier; les plus faibles en Mai, Juin et Juillet, mais on estime qu'en général elles sont moins fortes que celles des côtes d'Europe.

(7) Les chaleurs et les pluies, qui caractérisent l'été de ces pays, sont accompagnées de tonnerres, qu'on prétend être plus bruyans que dans la plus grande partie des contrées européennes; mais ils excitent peu d'effroi, soit parce qu'on y est accoutumé, soit parce que les accidens et les malheurs que cause la foudre sont fort rares, quoi-

qu'on ne connaisse point encore les moyens de s'en préserver que l'Amérique a enseigné à l'Europe.

Une calamité bien plus terrible est un genre d'ouragan qui, sur mer, cause des naufrages presque inévitables quel que soit la manoeuvre; et sur terre dégrade les campagnes, déracine les arbres, quelquefois renverse les maisons; et fait sur les oiseaux une telle impression qu'il les étourdit, et les fait tomber à terre. On a fait diverses conjectures sur ce phénomène; on a prétendu qu'une matière inflammable, renfermée dans l'intérieur de la terre au dessous des eaux les agite et produit une explosion dans l'atmosphère. Quel que soit cette cause, les ouragans connus dans cette partie de l'Asie sous le nom de *typhons*, ne sont peut-être nulle part plus terribles que dans le Tunkin. Cependant il ne paraît pas qu'ils soient ni aussi effrayans, ni aussi destructeurs que les ouragans qui ont été observés dans quelques isles de l'Amérique et de l'Afrique. Le typhon n'est pas toujours accompagné de pluies et de tonnerres et jamais de tremblement de terre; ce vent ne parcourt point vingt-cinq toises par seconde, velocité qu'on attribue aux ouragans de ces îles dans leur plus grande impétuosité, et à laquelle ne peuvent résister ni les arbres ni les maisons; il ne souffle point comme eux en forme de tourbillon, et dans toutes les directions à la fois, et n'entoure point de tous les côtés ce qui lui résiste, et on ne voit point d'arbres qu'il contourne sur leur pied en forme de vis; il souffle des quatre points cardinaux, mais successivement, en commençant ordinairement par l'est, et achève sa révolution à-peu-près dans l'espace de 24 heures.

Les ouragans des îles n'ont point de symptômes certains qui les annoncent, on ne peut les prévoir que par une baisse extraordinaire et subite du mercure dans le baromètre, baisse qui les précède de peu de temps. Mais dans le Tunkin les gens du pays prévoient le typhon par l'apparition de quelques points noirs et foncés dans l'horizon du côté du nord; ils prétendent même pouvoir le prévoir plusieurs jours d'avance, mais c'est une présomption: ces symptômes ne se manifestent évidemment que quelques heures avant l'événement; et alors on voit tous les navires et les barques qui sont en mer à vue de la côte, se réfugier dans les ports, havres et rades; sur terre, on barricade les maisons de crainte que le vent ne s'y engouffre et ne les renverse, et même quelquefois on a la précaution d'assurer les toits par des liens, de crainte qu'ils ne soient enlevés.

On a prétendu que ces typhons ne surviennent qu'après la révolution de plusieurs années, et qu'après une irruption, on n'a plus à en craindre pendant cinq ou six années ou même plus; mais c'est une erreur, il y a exemple qu'on en a éprouvé deux ou trois dans la même année; et dans les années suivantes, tantôt on en a été exempt, tantôt on y a été sujet.

Un phénomène surprenant est que quelquefois la marée, après avoir descendu pendant environ trois quarts d'heure, remonte subitement ; et les canaux qui les autres jours ne sont point navigables à marée basse, le sont pendant tout le cours de la journée.

Il y a quelques années, sur une des côtes du Tunkin est survenu un événement très-extraordinaire, on a entendu un bruit effrayant plus fort que celui que peut produire la plus forte canonade; et ce bruit a été suivi d'une violente irruption de la mer, qui s'est avancée jusqu'à plus de deux lieues dans l'intérieur des terres, y a porté des arbres déracinés et des débris de bâtimens, et au bout de douze ou quinze heures s'est retirée dans son lit, ayant noyé nombre d'hommes et d'animaux et détruit plusieurs villages.

Ce même phénomène avait eu lieu environ cinquante ans auparavant.

CHAPITRE IV.

Aspect Géologique.

La partie orientale de la presqu'île de l'Inde au delà du Gange, offre l'apparence d'un délaissement de la mer, et d'une excréscence du continent asiatique. Nous ne discuteron spoint ici les questions agitées sur les conquêtes que la terre fait sur la mer, et la mer sur la terre ; s'il existe des allusions à l'extrémité de tous les continens ; s'il y a un mouvement des eaux d'orient en occident ; s'il est prouvé qu'en même temps que les côtes occidentales de l'Europe gagnent sensiblement sur la mer Atlantique, cette mer perd encore sur les côtes d'Amérique ; si les mers Méditerranées qui baignent l'Europe, baissent continuellement ; et si cette baisse qui a été évaluée pour la Baltique, ne prouve pas une perte générale de la mer Atlantique ; ou si ces faits sont contredits par d'autres, et si ces pertes sont compensées ; s'il faut croire à une révolution semblable dans des contiées voisines des objets de nos observations ; et si dans des temps anciens l'Indostan a formé une île telle qu'est aujourd'hui celle de Ceylon.(*)

Quoiqu'il en soit de ces faits généraux; plusieurs faits plus rapprochés du Tunkin indiquent, même prouvent l'extension de ses côtes. Plusieurs provinces orientales de la Chine, dont le gissement est dans la même direction que celle du Tunkin et de la Cochinchine, sont nouvellement dégagées des eaux. Une opinion presque généralement admise dans le Tunkin, atteste la même extension de la terre, et divers symptômes confirment l'existence de ce phénomène. Si, dans le Nouveau Monde, un sol qui ne paraît pas encore absolument déssechê, un atmosphère humide et relâchant, des terreins bas, une grande quantité d'eaux stagnantes, et une végétation extraordinairement active, ont été jugées former des indices d'une terre nouvellement dégagée des eaux, une situation et des simptômes semblables doivent faire concevoir la même idée de la formation du Tunkin et de la Cochinchine, du Tsiampa et d'une partie du Camboge, à une époque moins récente.

Dans une grande partie des côtes du Tunkin on trouve des preuves de la retraite de la mer; et il est nombre de villages dont les habitans tiennent de leurs pères, que le sol sur lequel sont bâties leurs

---

(*) Opinion du Capitaine *Whitford.*

maisons, était anciennement le rivage. Lorsqu'on creuse des puits, on trouve des coquillages et des vestiges d'animaux aquatiques, et cet atterissement est un effet nécessaire du grand nombre de fleuves qui arrosent le Tunkin, et de la grande quantité de terres qui tombant des montagnes dans les fleuves, sont portées à leur embouchure. Les anciennes limites dans cette contrée du continent, semblent marquées par des chaînes de montagnes, d'autant que les terres, situées entre ces montagnes et le lit actuel de la mer, portent encore par leur limon l'empreinte des eaux dont elles ont été couvertes.

Le grand fleuve du Tunkin charie, surtout quand il y a eu des pluies abondantes, une grande quantité de boue, qui vient des montagnes, (*) et est portée sur la côte où elle s'est accumulée, et rempli actuellement un espace d'environ deux lieues : la profondeur de cette boue est inconnue, mais elle est telle que si l'on s'exposait à y marcher on y serait enseveli.

Cependant il est quelques parties de côtes où la mer a gagné, et où des villages ont été obligés de se retirer dans l'intérieur des terres ; mais il est possible que ces envahissemens partiels soient causés par les courans, dont l'existence est recon-

(*) Dans ces temps, les eaux sont empreignées d'un rouge brun, et ne sont potables qu'après qu'on les a laissées reposer.

nue entre la côte orientale de l'Asie et l'archipel, qui couvrent cette côte depuis le Kamchatka jusqu'à la pointe de la presqu'île de l'Inde; et qui sont singulièrement sensibles sur les côtes du Tunkin et de la Cochinchine.

(2) Les terres sont d'une qualité fort variée, communement dans les plaines, elles sont grasses, légères, calcaires, limoneuses; et cette qualité limoneuse est presque toujours celle des terres où on cultive le riz; dans les montagnes, la qualité la plus commune est la gipseuse, la sabloneuse, la pierreuse, la ferrugineuse. Il y a des pierres de nombre d'espèces, granit, silex, pierre à chaux, grés; il y a de la pierre très-dure pour la bâtisse, et qu'on emploie pour les fortifications; et il en est, mais dans peu de cantons, propre à la sculpture, qui tient du marbre, et peut être présumée en être.

On trouve dans le Tunkin le kaolin et le petunzé, que long-temps on a cru renfermés exclusivement en Chine, et que, depuis, on a découvert dans plusieurs contrées de l'Europe.

Vers l'ouest dans le Lac-tho, le Laos et partie du Camboge, on ne trouve plus la même qualité du sol; et dans les bassins qu'y forment les directions des montagnes, il est des terres plus compactes, et qui semblent appartenir à des contrées fort éloignées de celles qu'elles avoisinent.

(3) Dans plusieurs de ces pays et singulièrement dans la province de *Xu-thum*, sont au des-

sous des montagnes, des cavernes dont quelques-unes ne sont connues que des villages voisins, qui y cachent leurs effets dans les temps de guerre; quelques-unes servent de temples pour les sacrifices; l'existence de quelques-unes, leurs beautés, leurs singularités sont des secrets qu'on ne révèle point, de crainte que l'empereur ou quelque grand Mandarin n'ait la curiosité de les visiter; car ces voyages sont très-dispendieux pour le pays où ils se font.

Un naturaliste trouverait dans ces cavernes un vaste champ à ses observations; elles sont toutes remplies de pétrifications et de cristallisations qui ont des couleurs variées, et de nombre de singularités, et de jeux de la nature. On y trouve une grande quantité de fruits avec l'apparence qu'ils viennent de tomber de l'arbre: ils trompent l'œil, et le poids seul avertit que ce sont des pierres.

Une des plus remarquables de ces cavernes, a un quart de lieue de long, traverse une montagne d'une extrémité à l'autre, et aboutit des deux côtés à des plaines fécondes, et bien cultivées; tout le bas de la caverne est rempli d'une eau claire, qui a depuis six jusqu'à huit pieds de profondeur; on y navigue facilement; mais on est obligé de s'y éclairer avec des flambeaux. La voûte paraît formée de terre ou de pierres qui tiennent de la nature de la craie; dans quelques parties cette voûte n'est qu'à huit ou dix pieds au dessus de l'eau, quelquefois elle s'élève à une très-grande hauteur.

Près de cette caverne en est une autre dont l'ouverture est plus majestueuse, et l'élévation beaucoup plus haute dans l'intérieur ; il n'y a point d'eau ; tantôt la voûte est étroite, tantôt elle s'élargit, et forme des salles immenses, où se trouvent des tables, des autels, des trônes, des meubles de toute espèce. Les poëtes du pays ont célébré ces beautés et ces brillantes bisarreries de la nature.

Dans la même chaîne de montagnes, dans un canton qu'on nomme le grand désert, à environ vingt lieues de ces cavernes, en est une immense, la plus grande de ce pays ; on y respire un air fétide, on y sent des exhalaisons mal saines, on n'y pénètre qu'en navigant sur un canal, dont l'eau ne peut être bue sans danger ; et le canal fait nombre de détours, ensorte qu'à chaque détour, il faut placer un flambeau afin de se retrouver pour le retour ; personne encore n'a osé s'y engager fort avant ; l'extrémité en est inconnue ; et on ignore si elle a quelque autre ouverture, que celle par laquelle on s'y introduit. (*)

(*) Ces grottes sont bien plus vastes que les grottes les plus célèbres, celle d'Anti-Paros, une des Ciclades, n'a que 250 pieds de profondeur ; et la profondeur de celle de Fingal, une des Hébréides est de 311 pieds anglais ; mais ces deux grottes sont bien plus importantes dans l'histoire naturelle par les observations dont elles ont été le sujet. Dans celle d'Anti-Paros on a trouvé la preuve de

(4) Le Tunkin possède une grande quantité de mines métalliques : plusieurs renferment un minéral abondant et de première qualité ; le fer le plus utile des métaux, est très-commun, et d'une telle pureté, que dans le simple état de minéral, sans le fondre, il est possible de le forger.

On y trouve du cuivre en très-grande abondance, et il est de bonne qualité.

Il y a dans la Cochinchine une mine d'étain, mais l'exploitation en est défendue. A l'extrémité du Tunkin attenante à la Chine, sont des mines de ce métal dont l'exploitation ne peut être défendue, parce que les limites des deux empires ne sont pas bien déterminés. On assure que cet étain est de la première qualité.

Il y a deux espèces d'airains dont l'un est presque aussi blanc que l'argent, et est plus solide ; ce qui en élève le prix, qui est intermédiaire entre celui de l'argent et celui du cuivre ; l'autre airain est noir, et en l'enfonçant plusieurs fois dans la terre il devient rouge ; mais lorsqu'on l'en retire, revenu à l'air, il change en très-peu de temps et redevient noir. Ce métal qui ne se trouve que dans une province, est présumé un composé de cuivre rouge et d'or : est-ce une production de

---

la végétation de la pierre, dans celle de Fingal la preuve de la formation de cette grotte par l'action du feu. Les grottes du Tunkin observées par de savans naturalistes, pourraient donner lieu à la découverte de quelques autres mistères de la nature.

la nature; n'y a-t-il point quelque concours de l'art ? c'est ce que nous ne sommes point en état de décider; mais ce qui est certain est que ce métal ou cette composition se vend quatre fois le prix de l'argent; et quoique moins cher que l'or, il est aussi estimé, et aussi recherché dans les ornemens, à cause de sa rareté.

Ce pays possède plusieurs mines d'argent et d'or; mais dont la richesse est ignorée. Plusieurs rivières charient une grande quantité de particules de ces métaux. Il est dans le *Lac-tho* une rivière dont le lit est impregné de sable d'argent. Dans le Tunkin plusieurs rivières roulent des particules d'or; et on a trouvé sur des montagnes, à la superficie du sol, des morceaux de ce métal, d'un plus grand volume, et d'une plus grande pureté que dans aucune autre partie de l'orient. On prétend que quelques-uns pesaient jusqu'à deux onces. Mais quoique ces morceaux de minéraux ne puissent être placés à la surface de la terre, qu'en sortant de son intérieur, et qu'ils fassent supposer qu'il y en a une grande quantité renfermée, ce n'en est point une preuve certaine. Le procédé de la nature dans la formation des métaux, est un mistère qu'on n'a point encore pénétré; ils ne sont pas toujours rangés par couches et formant un lilon; quelquefois on en trouve dans le cours des rivières sans qu'il y en ait à leur source; il s'en rencontre dans un coin de rocher un ou plusieurs morceaux, sans qu'il y en ait dans le reste du rocher, et sans qu'il soit possible d'imaginer par quelle opération, par quelle influence a été formé et élaboré ce métal, et la raison de son isolation.

Au reste, quels que soient dans ce genre les dons de la nature, la volonté de l'homme a scellé la retraite, où l'on peut croire qu'ils sont enfouis. Il est défendu sous peine de la vie d'exploiter les mines d'or ou d'argent. Le gouvernement craint que ces richesses ne tentent l'avidité des Européens, et ne provoquent des invasions telles que celles qui ont dévasté l'Amérique, et conduit à l'usurpation des états du Mongul.

Des richesses dont la possession est moins dangereuse, sont le sel et le salpêtre : le sel du Tunkin est renommé et est plus blanc et plus salant que celui de la Cochinchine.

(5) La munificence et la richesse du sol sont rachetées par des vices bien graves. Par une interversion des lois générales de la nature, l'habitation de la plupart des montagnes est plus mal saine, que l'habitation des plaines, parce que l'eau dans ces montagnes est de la plus mauvaise qualité; si on n'y est accoutumé dès l'enfance, on n'en peut faire usage pendant quelques semaines, sans être attaqué d'une fièvre dangereuse, et même pour traverser ces montagnes on est obligé de porter avec soi de l'eau.

Les gens du pays attribuent cette corruption

à la chute des feuilles de certains arbres dans ces eaux, surtout des feuilles de l'arbre de fer; mais cette opinion mérite peu de croyance. Il est certain que les feuilles de toutes sortes d'arbres en tombant dans l'eau, s'y décomposent et la corrompent; mais l'arbre de fer croît dans l'île de Ceylan et dans plusieurs autres pays; et on n'a point observé que ses feuilles fussent plus pernicieuses que celles d'autres arbres.(*) Il est bien plus vraisemblable que ces eaux ayant leur source dans des montagnes remplies de mines de cuivre, elles s'y filtrent et se chargent de parties arsénicales. Dans le Laos, et dans le Lac-tho les évaporations de la terre ont un caractère pestilentiel, qui ne permet pas d'habiter le rez-de-chaussée des maisons. Dans la basse Cochinchine le défaut d'écoulement des eaux fait qu'on ne peut communiquer d'un lieu à un autre, même à une grande proximité, sans marcher dans la fange, et sans avoir de l'eau jusqu'à mi-jambe; et encore les grandes pluies et la crue des fleuves ou rivières causent des inondations qui, quelquefois, forcent

(*) L'arbre dont le suintement est le plus dangereux, est le mancenitier, il contient un suc laiteux qui est un poison mortel; et si la pluie, qui a passé sur les feuilles, tombe sur la peau, elle y cause des ampoules; mais heureusement ce funeste végétal ne se trouve que dans quelques îles d'Amérique.

de se réfugier dans la partie la plus haute des maisons.

(6) Un phénomène très-extraordinaire, est que, tous les ans, pendant la huitième lune, le jour de la plus forte marée, et lors de la retraite de la mer, une multitude de vers sort du sein de la terre : ce phénomène n'a lieu que dans quelques terreins d'eaux saumâtres, ou l'eau n'est ni tout à fait salée, ni tout à fait douce. Ces vers sont au goût des gens du pays un excellent aliment ; et dès qu'ils sortent de terre, on accourt sur les côtes pour les manger.

CHAPITRE V.

Aspect Anthropologique.

(1) Il est reconnu qu'il n'existe qu'une seule espèce d'hommes ; mais on y distingue cinq races, reconnaissables par le type de leur figure, 1°. la figure des habitans du Caucase, de la partie de l'Asie à louest du Caucase, et de l'Europe à l'exception des Finlandais et du Lapon. 2°. Celle du Tartare Mongul réputé l'auteur originaire des peuples habitans de l'Asie, à l'est du Caucase ; cependant cette figure est étrangère aux habitans de la presqu'île de Malaca, mais est celle des Lapons, des Finlandais et des Eskimaux. 3°. La figure des Ethiopiens qui est celle de tous les habitans de l'Afrique. 4°. La figure des Américains commune à tous les habitans de cette partie du monde, excepté les Eskimaux. 5°. La figure du Malais commune aux insulaires de la mer du sud.

La figure mongul est celle qui doit ici fixer notre attention, parce que c'est celle du Tunkin...

elle n'est ni aussi belle ni aussi avantageuse que celle du Caucase, dont toutes les parties sont dans une plus juste proportion, et dont le front par sa direction et la voussure du crane donne au cerveau une plus grande capacité cubique, et un emplacement plus avantageux, et plus favorable à la conception des idées. La figure mongul est plus large et moins longue que l'européenne. Les os qui soutiennent les joues sont prédominans, ce qui donne au visage une forme applatie, le nez est petit et court, cependant plus élevé que celui de l'Africain, les yeux sont petits et enfoncés, les sourcils sont écartés, les cheveux longs, noirs, et ne frisant point ; la peau pale, jaunâtre, intermédiaire entre le blanc de l'européen, le cuivré de l'Américain méridional, le noir de l'Africain ; ces traits sont d'autant plus exprimés dans les divers peuples Asiatiques qu'il y a eu moins de mélange dans leur sang, et ils sont singulièrement remarquables dans le Tunkinois.

Le Tunkin et les pays adjacens, s'embleraient d'après leur proximité de l'équateur, devoir être habités par des hommes noirs ou du moins fort basanés ; mais le rafraîchissement et l'humidité de l'atmosphère par les pluies et les inondations garantissent de l'action brûlante du soleil à laquelle est attribué le noir de la peau. La nuance particulière de celle du Tunkinois est olivâtre et tirant un peu sur le brun, et le Cochinchinois a un teint d'un brun plus foncé. Dans les deux pays, les femmes et les hommes qui par leur profession sont peu exposés aux ardeurs du soleil, ont une peau qui approche de la blancheur européenne.

Issus du Chinois, les Tunkinois tiennent de sa figure, mais en diffèrent en quelques parties ; et singulièrement par leur nez qui est plus saillant que celui des Chinois ; quoiqu'il le soit beaucoup moins que celui des européens, qui dans ce pays sont appelés les long nez.

(2) Les traits des Tunkinois sont assez beaux, mais ont quelque chose de grossier et de rude, que renforce encore l'usage de noircir les dents, et de donner aux lèvres un rouge exagéré ; ce qui rend leur aspect bisarre, et déplaisant à des yeux accoutumés à voir l'homme tel que la formé la nature.

Malgré cette falsification de la figure, les femmes ont de la beauté, leurs yeux sont grands et noirs, l'expression en est vive et animée ; leur physionomie est spirituelle, et même dans son ensemble n'est pas sans quelque douceur. Les Tunkinoises passent pour plus belles que les Cochinchinoises, elles sont plus blanches ; et quoiqu'elles n'aient pas autant d'incarnat, la preuve qu'elles méritent la préférence est que les mandarins de la Cochinchine tirent leurs femmes du Tunkin ; les cheveux du Tunkinois sont très-gros, et approchent de la force du crin ; ils sont longs, droits, noirs. Les cheveux roux sont une difformité; une fille rousse trouve difficilement à se marier à moins qu'elle n'ait une grosse dot: les cheveux chatains ou blonds sont réputés un désagrément d'après leur affinité avec la couleur décréditée; et quand les Anglais ont paru dans la Cochinchine, leur figure n'y a nullement réussi, le peuple les appelle par dérision les têtes rouges.

Les Tunkinois ont peu de barbe, lorsqu'elle est longue et forte, elle est estimée une grande beauté. Leur poil ne frise point.

(3) L'espèce humaine y est saine; il est très-rare de trouver des hommes ayant des défectuosités naturelles, excepté des aveugles, mais presque point de sourds, de bossus, de rachitiques. La taille n'est pas fort élevée, mais est bien prise, et une juste proportion des membres, donne de la souplesse et de l'agilité, la peau est douce, l'odorat fin, le toucher délicat, la vue faible, l'ouïe n'a rien de remarquable.

La force corporelle ne paraît pas égale à celle de l'européen; infériorité qui est une suite de la qualité de l'atmosphère, et de celle de la nourriture et de la boisson. Ce climat rend un peu mol et lourd, et donne de la répugnance pour l'action et le mouvement; les Européens qui passent dans ce pays ne tardent pas à se ressentir de cette influence, et à éprouver un relâchement dans tout leur organisation; cependant les nationaux sont capables de supporter de grands travaux, quand ils sont d'un genre auquel ils sont accoutumés, par exemple ceux d'entre eux qui passent leur vie dans leurs bateaux ne soutiennent pas moins long-temps que les européens la fatigue de ramer, et ne font pas marcher un bâtiment moins vite ; on a éprouvé dans tous les pays, que les hommes qui passent pour avoir le moins de vigueur, en déployent une très-grande dans l'exercice de leurs professions habituelles (*).

(4) Ils aiment beaucoup à manger, mais mangent moins que les européens ; on en voit qui restent long-temps sans manger sans en être incommodés, et qui pour un voyage de vingt-quatre heures, ou même quelquefois de deux jours, ne mangent qu'avant leur départ, et après leur retour.

Ils dorment long-temps et profondément, les gens de peine, s'ils ne sont pressés par la nécessité de se livrer au travail, donnent au moins huit heures au sommeil, ce qui, suivant la doctrine des médecins, est un excès dans nos contrées.

(5) Il n'a point été fait dans ces pays sur l'espèce humaine, des observations assez méthodiques, et assez suivies, pour qu'on puisse avec précision assigner les modifications qu'elle y éprouve, ce-

(*) Il est reconnu que les Caraïbes sont des hommes d'une espèce faible; et cependant, comme marcheurs, ils font des courses incroyables : on cite un Caraïbe qui, dans 42 heures consécutives a fait cent lieues.

pendant voici quelques opinions assez généralement admises, et qui paraissent mériter confiance.

On estime qu'il naît plus de femmes que d'hommes, proportion qu'on attribue aux pays méridionaux, et qui est contraire à celle observée dans les pays septentrionaux.

Les femmes sont nubiles à douze ou treize ans, c'est à-peu-près le même âge que dans le midi de l'Europe.

Les mariages sont féconds ; ce qui doit être dans un pays chaud et humide, chez un peuple ictyophage, et qui n'altère pas sa constitution par un usage excessif des liqueurs fortes ; la stérilité est fort rare, et il ne l'est pas de trouver des femmes qui aient six enfans. Les jumeaux sont plus communs qu'en Europe ; et il y a plusieurs exemples de femmes qui ont accouché de trois et même de quatre enfans ; on en a connu une qui, en six couches, a mis au monde douze enfans.

Toutes les femmes sans distinction de rang et de richesse, nourrissent leurs enfans, ce qui doit contribuer à leur bonne constitution. On ne connaît point les nourrices stipendiées ; et quand une mère est malade, ou quand elle vient à mourir, c'est une de ses proches parentes qui remplit ce devoir de la nature.

La pleurésie, la goûte, la gravelle, la peste sont des maladies rares ; les maladies les plus communes dont plusieurs ont analogie avec le climat, sont la fièvre et la dissenterie, et les maladies cutanées; d'artres, gale, lèpre, jaunisse; il y a des années où la petite verole fait de grands ravages; on ne sait point encore s'en garantir par la vaccine, ni même par l'inoculation.

La lèpre qui est fort commune a des caractères fort variés, et dont quelques-uns sont terribles; on en compte trente-deux espèces, il en est une qui ronge les doigts des mains et des pieds, les fait rentrer, et retire les nerfs qui les tiennent.

Les coups d'air, accidens peu graves ordinairement, ont quelquefois dans ce pays des suites funestes.

La maladie vénérienne n'y est pas étrangère, mais y fait peu de ravages; cependant on ne la traite qu'avec des sudorifiques qui ne font que l'adoucir et la pallier; et telle est sur ce sujet l'ignorance du peuple, qu'il croit que si une personne attaquée de cette maladie a relation avec une personne saine, elle guérit.

Les fausses couches sont rares, mais les femmes en couche éprouvent assez souvent des révolutions qui ne sont pas sans danger.

Les enfans sont sujets à une suppression subite des évacuations naturelles qui quelquefois est mortelle.

Il est une maladie très-singulière, qui consiste à avoir les cheveux et le poil blancs, et la peau d'une blancheur semblable à celle du linge;

on reste toute la vie dans cet état sans que l'âge y apporte aucun changement, mais cette infirmité n'est accompagnée d'aucune autre, ni d'aucune douleur; les hommes qui en sont attaqués ne sont point assujetis au service militaire, parce qu'ils dépareraient un corps de troupes.

Il est un assez grand nombre de maladies indémiques, dans quelques cantons les goètres et les squires sont fort communs; dans quelques villages situés au pied des montagnes l'ophthalmie est si commune que sur 60 ou 100 personnes il en est une aveugle.

(7) On n'a point de tables de mortalité qui puissent faire juger de la durée de la vie; mais on peut présumer la longévité des habitans de ces pays, parce qu'on y trouve un assez grand nombre de vieillards, qui même dans un âge avancé, conservent l'usage de tous leurs sens, et on estime que c'est un des pays où l'on peut compter plus de centinaires.

Dans le haut Tunkin l'homme est plus sain, plus fort, plus vivace que dans le bas Tunkin; et dans la haute Cochinchine plus que dans la basse; c'est la règle générale de la nature, et la prérogative physique des pays élevés; mais cette règle est en défaut dans la plupart des montagnes du Tunkin et de la Cochinchine, à cause de la mauvaise qualité des eaux qu'on y boit.

On a remarqué que dans les provinces maritimes les hommes qui vivent sur l'eau, et n'ont point d'autre demeure que leurs barques, vivent plus long-temps que ceux qui passent leur vie à terre, parce qu'ils ne sont pas exposés aux évaporations mal saines d'une terre, qui après avoir été inondée est frappée des rayons du soleil.

CHAPITRE VI.

Population.

(1) La notion qui peut être donnée de la population des états de l'Empereur, n'offre que des vraisemblances et des probabilités; car toute estime de population, qui n'a pas pour base un dénombrement régulier, ou des opérations méthodiques qui le suppléent, et ayent un rapport nécessaire avec le nombre des habitans, ne peut obtenir qu'une confiance très-limitée; et les renseignemens sur ces objets dans les états de l'Empereur du Tunkin sont très-imparfaits. A la vérité, il est remis tous les ans au gouvernement un état de tous les sujets de l'Empereur; excepté de

ceux qui forment des hordes sauvages. Mais comme ces dénombremens ont pour objet les contributions, ils sont presque toujours fautifs; il est des communes qui ne déclarent que les deux tiers de leurs habitans, quelquefois moins encore, et souvent les dénombremens de l'année ne sont que les copies de ceux fournis dans les années précédentes; de plus, la notion de la population est considérée comme un secret d'état réservé aux agens du gouvernement. Voici cependant l'opinion la plus accréditée, et l'évaluation la plus vraisemblable. On tient que la totalité des sujets de l'Empereur est de vingt-trois millions; et dans ce nombre le Tunkin seul entre pour 18,000,000, la Cochinchine pour 1,500,000. Sa population était précédemment beaucoup plus forte; mais elle a fait de grandes pertes par les guerres dont elle a long-temps été le théâtre (*). Le Tsiampa peut contenir 6 à 700,000

(*) On assure qu'en 1739, un dénombrement des habitans, de la Cochinchine en portait le nombre à 11,000,000; mais cette allégation ne paraît mériter nulle confiance, et il est très-probable qu'il y a eu quelque méprise. D'abord le résultat des dénombremens fournis par les communes est inconnu à tout autre qu'aux principaux personnages du gouvernement; de plus, une telle force de population ne peut être attribuée à un si petit espace de territoire. La Cochinchine n'est qu'une langue de terre entre la mer et des montagnes inhabitées: la largeur est fort inégale, et dans quelques parties n'est que d'une lieue. Souvent les peuples par vanité conçoivent une opinion fort exagérée de leur population; quelquefois les gouvernemens d'Asie par ostentation accréditent

âmes, le Camboge 1,000,000, le *Lac-tho* 6 à 700,000.

Des dix provinces dont le Tunkin est composé, la plus peuplée sans comparaison est celle de *Xunam*, située au milieu de cet état ; c'est une vaste plaine où coule une multitude de rivières portant bateau, et qui à elle seule, contient presque la moitié de la population du Tunkin. Les aldées qui sont les villages de ce pays, sont à une si grande proximité les unes des autres, qu'il s'en faut peu que leurs maisons ne se touchent ; et ces communes sont bien plus peuplées que nos communes européennes, car on assure qu'il n'y en a dans le Tunkin que douze mille, ce qui forme un terme moyen de 1500 habitans, tandis qu'en Europe ce terme n'est que d'environ six cent ; c'était la proportion reconnue en France avant la révolution.

---

cette opinion. La Chine suivant les notions données à Lord Macartney, contient 331,400,000 habitans, et cependant suivant les missionnaires, elle ne contient que 200,000,000 : peut-être cependant cette différence vient-elle de ce que les missionnaires ne comprennent, dans leurs états, que la Chine proprement dite, et le gouvernement y englobe les états tributaires, et reputés dépendans, à l'ouest le Tibet, etc. au sud le Tunkin, la Cochinchine, etc. Il est certain que quelque erreur de ce genre à seule pu faire dire qu'en 1739, la Cochinchine avait 11,000,000 d'habitans, d'autant plus que dans ce temps ; la Cochinchine ne comprenait point une partie du Camboge qui depuis y a été annexée.

(2) Dans les pays où l'agriculture employe beaucoup de bras, et les manufactures en occupent peu, presque toute la population habite les campagnes, et est répartie dans les villages ; c'est le sort de ces pays : on n'y comprend sous le nom de villes que les lieux fermés et fortifiés. Il est des villages qui sont beaucoup plus peuplés que des villes, et qui contiennent jusqu'à sept ou huit mille habitans.

Le Tunkin étant plus industrieux que les pays adjacens, a plus de villes, même proportion gardée de sa population : on en compte douze principales ; d'abord *Bac-kinh* capitale de l'empire, qui contient environ 40,000 habitans ; *Han-vints*, 15 à 20,000 ; *Tran-hac* 10 à 15,000 ; *Cau-sang* 7 à 8000 *Vi-hoang*, ville située sur le grand fleuve qui traverse le Tunkin 6,000, les sommes chinoises remontent le fleuve jusqu'à cette hauteur. *Hun-nam* sur ce même fleuve 5000, c'était dans cette ville qu'était le comptoir hollandais.

Les villes *Tran*, *Tran-bac*, *Tran-doai* près la Chine ont une population qui peut être estimée depuis 4 jusqu'à 7000 âmes.

Les villes *Tran-hung*, *Tran-uyan*, *Tran-tai* situées aussi près de la Chine, mais d'un autre côté, en ont 5 à 6000.

Phu-xuan capitale de *Hué* principale province de la haute Cochinchine, peut avoir 20 à 30,000 habitans, et doit cette forte population, à ce qu'elle est actuellement la résidence de l'Empereur. Des deux capitales de la Cochinchine centrale *Qui-whon* et *Qui-phu*, celle-ci est la plus peuplée et peut avoir 8 à 10,000 âmes. La population de *Sai-gon* capitale de la basse Cochinchine est à-peu-près de la même force que celle de *Qui-phu*.

Dans le Camboge il est quatre communes qui portent le nom de villes.

Dans le *Lac-tho* il n'y a aucune ville, mais il y a des villages de deux à trois mille habitans.

Dans le Tsiampa il n'y a que de très-petits villages.

Dans le Laos la plus grande commune qui forme une espèce de capitale, *Han-niech* est habitée surtout par des étrangers, Tunkinois, Cochinchinois, même des Chinois qui viennent ou y résider temporairement ou s'y établir pour y faire le commerce. Les communes ne sont pas fortes en population; et il en est beaucoup qui sont errantes.

(3) L'opinion générale et qui paraît fondée est que la population de ces pays fait des progrès rapides, à moins qu'elle ne soit contrariée par quelques fléaux destructeurs. Par exemple, il y a environ vingt ans, les pluies nécessaires à la fécondité de la terre ayant manqué, et les ravages des guerres intestines ayant empêché d'ensemenser et de labourer, il est survenu une famine

terrible, et cette famine a été suivie de maladies destructives, delà une mortalité énorme dans les baillages qui étaient le théâtre de la guerre la plus sanglante et la plus dépopulatrice. Quelques baillages ont perdu presque un tiers de leur population; il y a eu des villages dont les habitans ont disparu soit qu'ils aient péri par le glaive, la famine, les maladies, soit qu'ils aient été chercher ailleurs leur subsistance.

Mais hors ces événemens extraordinaires et désastreux, tout favorise les progrès de la population. Il y a dans ce pays très-peu de célibataires, peu de conjonctions illicites qui, communément, ne sont pas productives, et quand on veut jouir d'une femme on l'épouse. Tandis que dans d'autres pays on craint le grand nombre des enfans comme une charge onéreuse, on les recherche dans celui-ci, comme un honneur et comme un avantage lucratif; car la nourriture étant peu dispendieuse, bientôt le travail de l'homme donne une indemnité avantageuse de l'entretien de son enfance; tandis qu'en Chine on expose et on fait périr les enfans, ici on en achete: il est même des hommes qui épousent des filles enceintes d'un autre homme, sans se proposer d'avoir commerce avec elles, mais pour avoir une postérité plus étendue; et sans ce moyen très-extraordinaire, il n'est pas rare de voir des chefs de famille entourés d'un grand nombre d'enfans, de petits-enfans et d'arrière-petits-enfans, on en a vu en rassembler jusqu'à quatre-vingt.

Il y a cependant des femmes qui se font avorter à cause des peines sévères que prononcent les lois tunkinoises contre les productions illicites; et même il est des femmes dont la profession est de faciliter et d'opérer ces avortemens; mais ces crimes ne sont pas assez communs pour qu'ils pussent porter une atteinte sensible à la propagation de l'espèce humaine.

La castration était assez en usage il y a trente ou quarante ans, et elle était opérée à raz; mais depuis que les eunuques sont bannis de la cour, elle est devenue très-rare.

La polygamie qui, dans d'autres pays, est contraire à la population n'a point dans celui-ci cet inconvénient, et paraît même la servir. Ce n'est pas que la légère supériorité qui peut se trouver dans le nombre des naissances des femmes puisse être une juste cause de leur pluralité dans le mariage; mais cette pluralité qui, communement, n'est recherchée que par la volupté pour varier les jouissances, a dans ce pays un autre objet, l'accroissement de la famille, et toutes les femmes qu'on épouse sont fécondées, autant que le permettent les forces de l'époux: de plus cette pluralité ou du moins la possession d'un grand nombre de femmes n'a lieu que chez les riches et chez les grands de l'état; et encore le nombre des épouses n'est pas aussi grand que chez la plupart des autres peuples de l'Asie, il est extrêmement rare qu'un homme ait quinze a vingt femmes ; un tel nombre n'appartient qu'à quelque prince ou mandarin ou amateur effréné du sexe ; et comme par la guerre, par la pêche, par nombre de professions pénibles et dangereuses, la consommation des hommes est plus grande que celle des femmes, leur pluralité dans le mariage forme une compensation ; si dans quelques cantons de ce pays, les femmes manquent aux hommes pour le mariage, il est d'autres cantons où les hommes manquent aux femmes, et on fait d'un lieu à un autre des échanges du sexe surabondant.

CHAPITRE VII.

Aspect Zoologique.

(1) Nombre d'animaux partagent avec l'homme l'habitation de ces contrées; des animaux terrestres les uns subjugués et domestiques le secondent et le suppléent dans ses travaux, ou lui servent d'alimens, ou réunissent ces deux genres d'utilité; d'autres sauvages, et indépendans lui enlèvent les produits de la terre, lui dérobent les fruits de son industrie, ne lui servent que quand il les a tués; d'autres sont ses perpétuels et féroces ennemis, attaquent sa personne et sa propriété.

A la tête des animaux domestiques doit être placé l'éléphant le plus grand et le plus fort des animaux terrestres actuellement existens. Il passe pour constant que c'est dans le Laos que cet animal est dans sa plus grande perfection, qu'il y est plus grand, plus fort, plus docile, plus intelligent que dans aucune autre contrée. Au moment de sa naissance, il est à-peu-près de la grosseur d'un veau, il croît pendant environ trente ans; à cet âge il en est qui ont jusqu'à seize pieds de haut, et treize de long.

Dans cet animal l'organe de la génération n'est pas proportionné au volume de son corps, il n'est guères plus gros que celui du cheval; les femelles ont aussi une conformation extraordinaire: le vagin est à une plus grande distance de l'anus que dans les autres animaux et est plus rapproché du ventre. A moins d'une inspection particulière et détaillée, on ne distingue le mâle de la femelle que par la grosseur du corps et des défenses qui sont beaucoup plus grandes, et plus fortes dans le mâle.

On ne peut dire avec certitude quand le mâle entre en rut, et la femelle en chaleur, ni combien de temps dure cet état, s'il revient tous les ans ou seulement tous les deux ou trois ans; à cette époque le mâle est furieux, et le cornard même n'en approche qu'avec grande précaution. La femelle souvent s'évade; mais quand le temps de la chaleur est passé, le cornard va la chercher, et elle se laisse reprendre.

Cet animal a beaucoup de pudeur, et ne se livre à l'accouplement que quand il est soustrait aux regards; cependant on assure l'avoir surpris dans cette opération qui diffère de celle des autres animaux ; on dit que la femelle s'agenouille des pieds de devant, appuie sa tête contre terre, soulève un peu ses jambes de derrière, et dans cette posture provoque l'approche du mâle. On avait prétendu que cet animal ne reproduisait point dans l'état de domesticité ou du moins dans les climats d'Europe, cependant il vient de naître un éléphant en France (*).

On estime que l'éléphant vit 150 ans, ce qui forme entre le temps de sa croissance et la durée de son existence, à-peu-près la même proportion qui se trouve dans les autres espèces d'animaux.

On connaît l'excellence de ses dents qui donnent l'yvoire ; et nul pays n'en fournit autant que le Laos. Sa peau est noire, et on renforce encore ce noir par quelques couleurs dont on l'enduit ; elle n'est point à l'épreuve de la balle, mais la balle y pénètre sans le tuer, à moins qu'elle ne le frappe au front entre les deux yeux. Sa queue est courte et a peu de poils, seulement à l'extrémité quelques-uns plus longs que les autres ; son pied est rond et à quatorze ou seize pouces de diamètre ; la plante qui est très-dure, recouvre une chair molle, qui est le meilleur manger que fournit la chair de cet animal.

Sa marche est comme celle du chameau, les deux jambes du même côté ont un mouvement

---

(*) 1807.

simultané; le pied de derrière se place où était celui de devant, le pas est d'environ cinq pieds ; sa marche est sûre et il ne tombe jamais ; dans son allure ordinaire il parcourt autant d'espace qu'un cheval au trot ; lorsqu'il la presse, ce qui ne lui arrive que lorsqu'il est animé par la colère ou par la crainte, ou stimulé par son conducteur, sa marche est un amble très-vîte qui égale le galop d'un cheval ; et quoiqu'un bon cheval le passe pour une course de peu d'étendue, il n'en est point qu'il n'atteigne, si la course se prolonge ; il fait aisément 15 ou 20 lieues par jour, il peut en faire jusqu'à 35 à 40. Cette monture est désagréable par le balancement et les secousses qu'on éprouve, la meilleure place est sur le col.

On le mène avec un petit marteau pointu, avec lequel on le frappe sur le front dans l'endroit où une balle peut le tuer. Cette partie de sa tête est si sensible que les coups qu'on lui donne sont très-douloureux ; et si on le frappait avec une très-grande force on pourrait le tuer.

Tous les jours on le conduit deux fois à l'eau, où il se baigne et se lave tout le corps avec sa trompe, et même il se plonge dans l'eau.

Aucun autre animal n'a plus d'intelligence, plus de douceur et de docilité, plus d'aptitude à remplir toutes les fonctions auxquelles on le destine. Tantôt il est animal de somme et sert au transport des plus lourds fardeaux ; tantôt animal de monture, il porte les hommes constitués en dignité, et est leur défenseur; il partage les travaux de l'homme et supplée à sa faiblesse, souvent égale sa dextérité; intrépide et terrible à la guerre, il attaque seul et détruit ou met en fuite tout un bataillon; bourreau cruel quand on l'oblige à exécuter les mandemens de justice; il est bon, compatissant quand il est livré à son caractère naturel, et obéissant à la voix de ses conducteurs. Non-seulement il comprend par les sons les ordres qu'il reçoit, mais par l'intelligence avec laquelle il les exécute, il semble en connaître l'intention; il entend quand on exige de lui des efforts extraordinaires; et quand pour l'y encourager, on lui a promis une récompense, après son travail il exige ce qui lui a été promis. Ses goûts sont doux, il aime beaucoup les plantes sucrées; il se plaît aux sons agréables, amateur de la musique, il bat la mesure avec justesse, ou même l'accompagne par une émission de quelques sons à la fin de chaque cadence. Il respecte la faiblesse et se plaît avec les enfans, se mêle à leurs jeux, joue à croix ou pile, jette à son tour avec sa trompe la pièce de monnaie en l'air: quand il a gagné, il le reconnaît et prend le prix du gain qui est ordinairement une canne de sucre; quand il n'a pas gagné, il n'exige rien.

Les bœufs dans ce pays servent, comme partout ailleurs, au labour et à la nourriture de l'homme; mais dans ces deux destinations, on donne la préférence au bufle, qui, plus grand, plus fort, et ayant les jambes plus longues, est plus propre au labour des terres fangeuses, où quelquefois l'animal qui laboure est engagé jusqu'au ventre : il mange plus que le bœuf, mais il n'est pas plus cher à nourir, parce qu'il s'alimente de substances grossières que le bœuf ne mangerait pas. Quoiqu'en Eur··pe il soit difficile à dompter, fantasque et violent, il est dans cette contrée plus obéissant que le bœuf, et on prétend que, dans les climats chauds, il est beaucoup moins capricieux, et moins violent que dans les pays froids, plus disposé à s'accoutumer à la vie domestique et à se prêter au service de l'homme. Son cuir est plus fort que celui du bœuf, sa chair quoique plus noire et plus compacte, est préférée dans ces pays, parce qu'elle a un goût plus relevé. Dans les montagnes du Tsiampa il y a une multitude innombrable de ces animaux.

Les chevaux sont petits, à-peu-près de la taille des chevaux de husards en Europe ; ils ne sont pas mal faits, mais ne sont pas forts vîtes ; on n'en élève pas un grand nombre, parce qu'on ne les emploie point pour le trait, et qu'on en fait peu d'usage pour la monture. L'armée en a peu, les gens du peuple ne sont point en état d'en avoir pour leurs voyages, ou n'osent s'en servir de crainte de montrer un luxe qui indispose contre eux, et de donner lieu à des vexations. Les mandarins et autres personnes considérables sont les seuls qui en fassent usage pour leur suite. Quant à eux, ils voyagent en palanquin ou sur des éléphants.

Les chats s'acquittent assez mal de leur emploi ordinaire de purger les maisons des rats. Les chiens les rivalisent et même les remplacent dans cette guerre domestique contre les rats, et font une garde très-nécessaire contre l'attaque des bêtes féroces. Il est une espèce de chiens dont l'odorat est très-fin, et qui est très-estimée pour la chasse du cerf et du renard.

Les boucs et les chèvres sont très-nombreux ; les cochons le sont encor plus. Il en est de diverses espèces, dont la plus remarquable est une petite espèce qu'on nomme cochons d'Inde.

Les basses cours sont remplies des mêmes volailles qui meublent celles d'Europe, poules, oies, etc.

Le nombre des canards est prodigieux, on en rassemble des troupes de dix, douze et quinze mille qu'on met paître dans des rizières après la récolte ; ils s'y nourrissent de quelques grains de riz qui y sont tombés, de petits poissons, et de vers. On les fait parquer sur terre pendant la nuit, et on ramasse leurs œufs qu'on fait éclore par une incubation artificielle ; mais on ne fait point usage de l'incubation pour les œufs de poule.

(2) Parmi les animaux sauvages, le premier rang appartient encore aux éléphans avant qu'ils

soient tirés des forêts pour le service domestique. Dans cet état ils pillent les campagnes, les récoltes de riz, les fruits des arbres, les cannes à sucre, et on est obligé de garder les champs jour et nuit pour les préserver de leur dévastation ; mais il est facile de les éloigner, et de les faire fuir en leur montrant des torches allumées ; car ainsi que tous les animaux sauvages, ils craignent le feu.

Les rhinocéros sont en petit nombre ; ils ont l'odorat extrêmement fin et sentent les autres animaux à une grande distance ; on estime que leur corne forme un très-bon remède : on la rappe, on la met en poudre, et on la fait prendre aux malades de la petite-verole.

Les tigres sont nombreux, ils sont souples et agiles, sautent très-haut, mais ne peuvent soutenir une longue course. En plaine un homme à pied atteint un tigre ; le plus grand qu'on ait vu dans ce pays était haut de trois pieds et demi, long de 18 et demi, à compter depuis l'extrémité de la queue. Ce qui paraît cependant inférieur à l'espèce du tigre royal, la plus grande, la plus forte, la plus méchante de toutes.

Il serait difficile de décider si le nombre de ces animaux terribles est augmenté ou diminué dans ces derniers temps. On croit qu'ils sont moins nombreux dans les pays où la population et la culture ont fait des progrès ; mais qu'ils se sont multipliés dans les pays déserts, dans les pays couverts, et où il y a beaucoup de joncs.

Les taureaux sauvages sont quelquefois plus féroces encore que les tigres; et quand ils ont attaqué, ils se font tuer plutôt que de lâcher prise.

Le buflè qui, dans l'état domestique, est plus docile que le taureau, est aussi moins violent dans l'état sauvage. Cependant qúand il entre en fureur, il est très-dangereux.

Des chiens plus grands, plus forts, plus hardis que ceux d'Europe marchent en troupes de cent ou de deux cent, et sont les habitans les plus formidables des hautes montagnes.

Dans ces pays il n'y a point de loups. S'il y a des lions, ils sont en bien petit nombre; et on ne connaît personne qui en ait vus.

Si l'on fait une estime de la force et de la férocité des animaux sauvages habitans de ces pays, de ce que l'homme peut en craindre, et de leur force respective quand ils s'attaquent, on trouve qu'en général tous les animaux craignent l'homme, le fuyent et ne l'attaquent que quand ils sont pressés par la faim. Cependant dans quelques-unes de ces contrées, singulièrement dans le Tsiampa les bufles et plus encore les tigres qui y sont en très-grande quantité, attaquent les voyageurs qui ne peuvent y passer qu'armés et en étant toujours sur leurs gardes;

et encore il arrive souvent des malheurs même dans des grands chemins fréquentés. Les aubergistes qui y ont des maisons isolées, se retirent le soir dans les villages.

L'éléphant le plus fort de tous ces animaux est le moins féroce; et comme il est frugivore, il est moins porté à attaquer les autres animaux. Lorsqu'il est attaqué par le tigre, ou lorsque l'homme, pour se donner le plaisir d'un combat, le force à se battre, il est moins hardi que lui; et si le tigre parvient à sauter sur son dos, il déchire sa trompe et le met hors de combat.

Le rhinocéros l'animal le plus fort après l'éléphant, se bat rarement avec lui; et le succès du combat dépend de l'adresse avec laquelle l'un se sert de sa corne, l'autre de sa trompe.

Le tigre est l'animal le plus offensif, il attaque tous les autres animaux, actif, audacieux, rusé, il entreprend souvent d'enlever les jeunes bufles et les femelles, lorsqu'on les envoie en pature, mais les bufles ayant un odorat très-fin sentent le tigre de loin; ils se rassemblent et ont ordinairement un chef, le plus fort et le plus courageux d'entre eux, qui dès que le tigre approche, marche seul contre lui, le combat et ordinairement le tue ou le force à fuir; le tigre quelquefois attaque l'homme jusque dans sa maison, et s'introduit dans les cours en sautant les murailles.

Les chiens sauvages dans leur rassemblement

ne craignent aucun autre animal, et quelquefoi attaquent les plus redoutables.

(3) La chasse des animaux sauvages, et particulièrement des animaux féroces ne se fait que par un grand rassemblement d'hommes.

Pour prendre les éléphans, on forme des enceintes avec des palissades, et on pousse une troupe d'éléphans de manière à les diriger vers cette enceinte ; quand ils y sont entrés, on y introduit deux forts éléphans domestiques, on jette sur quelque jeune éléphant sauvage des cordes avec lesquelles on le lie, et on l'attache aux éléphans domestiques, qui l'entraînent hors de l'enceinte, le conduisent à leur étable, où en vivant avec eux, il s'apprivoise en très-peu de temps, et se fait au service.

Il est une autre manière de prendre l'éléphant, c'est d'attacher aux branches des arbres qu'il aime le plus, des crochets où il prend sa trompe, alors en s'en empare.

Quand un éléphant s'échappe, pour le reprendre on lui mène deux femelles, il les attend, ne leur fait aucune caresse, mais se laisse reprendre ; si c'était des mâles, ou il les fuirait ou il se battrait contre eux.

On ne chasse guères les rhinocéros, pour le prendre, mais pour se nourrir de sa chair, se servir de sa peau, et tirer parti de sa corne pour la médecine. On prétend que pour s'en emparer, il faut couper un tissu de nerfs, qui couvre sa peau au milieu de son corps, et forme une espèce de sangle, dont la rupture lui ôte toute sa force.

On chasse le tigre pour le détruire, et se préserver de ses attaques; on le chasse avec des chiens, et on le tire à balle, quand on a la permission de porter des armes à feu; les gens de campagne l'attaquent avec des piques, quelquefois on en prend dans des pièges et dans des fosses.

Les autres genres de chasses ne sont que l'amusement des gens riches, parce qu'elles coûtent presque toutes beaucoup plus qu'elles ne rapportent, elles se font avec des chiens, ou aux filets, et le goût de la chasse est plus commun dans la Cochinchine que dans le Tunkin.

(4) Les principaux habitans pacifiques des forêts sont des sangliers qui sont très-nombreux, mais ne sont point malfaisans.

Des ours qui sont en petit nombre; on en distingue deux espèces, une qu'on nomme ours cheval (*); l'autre plus petite nommée ours-cochon (†): celle-ci habite le haut des arbres où elle se fait un nid avec leurs branches et leurs feuilles; le fiel de l'ours est très-recherché parce qu'il est employé comme topique dans les maladies des yeux, et pour guérir l'extravasion du sang dans les contusions.

(*) En langue Tunkinoise, *Gau-ngna.*

(†) En langue Tunkinoise, *Gau-lon.*

Quatre espèces de cerfs, une de noirs, deux d'alezans qui deviennent bruns en hiver, une dont la peau est étoilée et la forme superbe: c'est là plus belle espèce de cerfs connue, sa chair est fort estimée.

Il y a des daims, des renards; on ne trouve de lapins que sur une montagne de la basse Cochinchine et ils y sont tous blancs.

Des gazelles donnent du musc et de bonne qualité, mais inférieur pourtant à celui du thibet.

Les forêts sont remplies de singes dont on distingue trois espèces, les uns, et ce sont les plus grands, ont environ trois ou quatre pieds de haut, quand ils sont debout; une seconde espèce plus petite, est distinguée par une longue queue dont elle se sert comme d'une cinquième pate; la dernière espèce qui n'est guère plus grosse qu'un chat, a une qualité fort extraordinaire, une voix qui, par l'agrément de ses sons, égale le chant du rossignol, et pour la force le surpasse, au point que les nuits elle se fait entendre à une lieue de distance, et plus. Ces animaux par leur défiance et par leur legérété sont très-difficiles à prendre; mais on y parvient en exposant auprès d'eux du riz, d'une espèce qui enivre; leur gourmandise les porte à en manger une grande quantité d'autant qu'il est d'un goût agréable et stimulant. On n'a jamais vu dans ce pays l'espèce célèbre nommée *orang-outang*, singe sans queue, qui est cité comme l'animal qui approche le plus de l'homme pour la forme, la figure et l'intelligence (*).

On a dans ce pays des civettes, mais on ne sait pas en extraire le musc.

Dans les montagnes sont des rats qui beaucoup plus gros et plus voraces que ceux d'Europe, dévorent les produits de la terre ; les sauvages du nord de la Cochinchine s'adonnent à la chasse de ces rats, qu'ils tuent à coups de flèche, dont ils se servent avec une grande dextérité ; ils mangent ces rats, et en préfèrent la chair à toute autre.

(*) On connaît deux espèces de singes supérieurs à tous les autres, on les nomme *orang-outang* : l'un noir, habite l'Afrique ; l'autre rouge, habite l'île Bornéo ; celui-ci est fort au-dessus de l'autre par son intelligence et par sa sagesse, c'est l'animal qui approche le plus de l'homme par la forme et par les manières. On en a ramené un de l'île Bornéo en Hollande, il y avait dans le vaisseau d'autres singes, mais il ne se plaisait point dans leur compagnie, et recherchait celle de l'homme ; il avait de la suite dans ses actions, et accomplissait bien le service dont on le chargeait, ce qui a porté quelques esprits bisarres à classifier cette espèce d'animaux dans l'espèce humaine comme une classe moins parfaite ou dégénérée par la vie sauvage ; mais cette idée insultante pour l'homme doit être absolument rejetée, non-seulement parce que la proportion des membres de cet animal n'est pas absolument la même que celle des membres de l'homme, et qu'il a bien plus de propension que l'homme à marcher sur ses mains, ainsi que sur ses pieds ; mais bien plus encore parce que par la dissection qui en a été faite, il est prouvé que l'intérieur de son corps diffère en plusieurs parties de celui de l'homme. Des anatomistes ont constaté que la gorge du singe est organisée de telle sorte qu'il lui est impossible d'émettre des sons articulés.

Dans le *Lac-tho* est un animal d'une espèce très-singulière, on le nomme *lèté :* il est à-peu-près de la grosseur d'un lapin, et a la forme d'un porc épic, il a des écailles dont il se couvre quand il est attaqué, il se nourrit de végétaux.

Il n'y a point de lièvres, point de moutons un des animaux qui sert le plus à la nourriture et au vêtement de l'homme, la nature du sol ne fournit pas une pâture qui leur convienne ; point d'ânes, animal méprisé, mais fort utile, et d'un entretien peu dispendieux ; point de chameaux, un des meilleurs serviteurs que la nature ait donné à l'homme ; peut-être le climat ne lui est point propre à cause de son humidité, et certainement le terrein inégal et glissant ne peut convenir à sa marche.

(5) Ce pays est infecté de reptiles, de serpens, les uns venimeux dont la morsure empoisonne, d'autres sans venins ; il en est qui se logent dans le haut des arbres, et de là se laissent tomber sur les hommes ou les animaux qui passent au dessous d'eux. Il est des serpens gros comme la cuisse d'un homme qui sont sans venin, mais d'une force prodigieuse, ils se reployent autour du corps d'un homme, ou d'un cerfs, ou d'un bufle, le serrent avec une telle force qu'ils brisent tous ses os, et ensuite ils l'avalent tout entier ; jusqu'à ce qu'ils l'ayent digéré, ils sont dans un état de stupeur, et c'est le temps où on peut les attaquer et les tuer sans danger.

Il est aussi des lézards de deux espèces : les uns petits dont la chair n'est point mauvaise à manger ; ils se tiennent sur les côtes, et se refugient dans des trous ; il en est de gros, qui ont trois ou quatre pieds de long, et qui mangent la volaille et les oiseaux qu'ils peuvent attrapper.

Dans les forêts et quelquefois dans les plaines est une grande quantité d'abeilles qui donnent beaucoup de cire et du miel qui n'est point jaune et épais, mais clair et transparent, et d'un meilleur goût que celui d'Europe ; on suit l'ancienne méthode de faire périr les mouches pour avoir le miel ; et on prend des gâteaux de cire dans les cellules dès qu'elles sont des abeilles déjà formées et prêtes à s'envoler, on mange le tout ensemble et on trouve ce mets fort délicat.

On élève des vers à soie dans des cabanes enduites de terre pour les garantir du vent, qui est très-malfaisant dans ces contrées, et meurtrier pour ces petits animaux ; et même pour en assurer la conservation on a soin de les placer dans de petites cellules.

Il y a peu de mouches ; beaucoup de gros cousins très-piquans, surtout sur les côtes.

Dans les temps de pluie on est souvent infecté d'une multitude de punaises et d'autres insectes.

Des fourmis dont la plus mauvaise espèce s'appelle fourmi blanche, sont dévastatrices ; heureusement elles ne mangent point le riz, mais elles mangent les étoffes, et même les bois des maisons ; et souvent on ne s'aperçoit de leur existence, et de leurs ravages qu'après qu'ayant consommé leur dévastation, elles s'envolent ; leur travail est fort industrieux, elles humectent tout ce qu'elles mangent, afin qu'il leur résiste moins ; et quand elles trouvent des substances sur lesquelles elles n'ont point de prises, fer, pierre et quelques bois très-durs, elles couvrent ces substances de terre, se pratiquent par dessous un chemin couvert, et par cette voie parviennent à ce qui peut leur servir d'aliment. Quand elles sont dans l'état de fourmis les poules les mangent, et en sont fort friandes. Quand après avoir changé de forme, elles s'envolent, elles sont si nombreuses qu'elles forment une espèce de nuage, les oiseaux fondent sur elles et les dévorent.

Quelquefois des chenilles sortent de la terre à foison, et dévastent une plaine en deux ou trois jours ; elles ne mangent pas le riz, mais en coupent l'épi au point où il tient à la tige et l'épi tombant dans l'eau y pourit, et on est entièrement privé de la récolte de l'année ; à peine les chenilles ont-elles fait ce dégât, qu'elles deviennent la pâture des oiseaux.

(6) Les poissons fournissent à l'habitant de ces pays bien plus d'alimens que les animaux terrestres, et ne contribuent guère moins à sa subsistance que les végétaux ; ils sont bien plus communs que dans les mers et dans les rivières d'Eu-

rope, d'autant que l'inondation des terres qui portent du riz, étend l'espace de leur résidence.

La plus grande partie des poissons est de la même espèce qu'en Europe; quelques-uns cependant diffèrent, et cette différence est plus commune pour les poissons d'eau douce que pour ceux de mer.

Dans cette dernière classe un des poissons les plus remarquables est celui qu'on nomme poisson à queue ; il est presque absolument rond, noir par dessus, blanc par dessous; sa chair est à-peu-près comme celle de la raye, sa queue est musculeuse, cartilagineuse, dure, longue depuis deux ou trois pieds jusqu'à sept ou huit et même neuf; il s'en sert pour tuer les autres poissons, et même quelquefois les plongeurs qui s'approchent de lui; outre le parti qu'on tire de sa chair, sa queue sert à faire des fouets.

Il est un poisson de la nature de l'écrévisse, mais gris et blanc, et qui cependant renferme une matière noire qu'on employe pour faire de l'encre, et qu'il lance sur de petits poissons, que par ce moyen il aveugle ; et ensuite avec ses nageoires qui sont longues et molles, il les attire dans des rochers flottans à fleur d'eau, et qui lui servent de nid, là il les tue et s'en nourrit; un seul de ces nids renferme plusieurs milliers de poissons.

Il y a une grande quantité de tortues de grandeur et d'espèces différentes, chaque espèce a son nom; mais il n'est point de nom français qui y corresponde; parmi les tortues d'eau douce il en est de petites dont la chair est mal-saine, mais la chair des grosses est bonne et agréable, et quelques-unes en donnent plus que n'en donnent les plus gros bufles, elles habitent le plus communement des cavernes remplies d'eau sur les bords des fleuves, et elles ont tant de force qu'elles tuent les plongeurs qui s'approchent d'elles, ou même des bufles qui viennent se baigner dans les rivières, et de ces hommes ou de ces bufles elles font leur nourriture. Sur les montagnes sont des tortues plus grandes que celles d'Europe, elles vivent sur terre, mangent de l'herbe, peuvent vivre dans l'eau, mais y vont rarement.

On ne trouve de crocodiles que sur les côtes, et dans les fleuves de la Cochinchine; ils y sont comme partout ailleurs voraces et dangereux.

Les moules et autres coquillages sont en très-grande quantité; les huitres ont huit à neuf pouces de long sur deux ou trois de large.

Des molusques dont la substance est nutritive et gelatineuse fournissent un mets très-agréable, et très-recherché des Chinois.

(7) Les oiseaux sont en grand nombre, et plusieurs ont un plumage agréable, brillant, superbe.

Les oiseaux d'Europe qu'on trouve dans ces pays sont des moineaux, des espèces de pies, des cailles, des bécasses, des tourterelles très-jolies; dont on distingue sept espèces, les rouges, et les vertes sont les plus belles et les plus agréables ; il est facile de les prendre, mais dès qu'elles ne sont plus en liberté, elles ne veulent plus manger et meurent. Une espèce de tourterelles plus petite que les autres n'est pas sans agrément, elle a des taches blanches et vertes sous le jabot, et autour du col. Il y a aussi des corbeaux et des corneilles dont les uns sont noirs, les autres à collet blanc. Il n'y a point de perdrix.

Des hirondelles de mer font leur nid dans des rochers ; et ces nids sont forts recherchés des Chinois, qui en font une espèce de gelée qu'on estime un des mets les plus délicieux.

Il faut se borner à admirer dans les campagnes des colibris dont le plumage est très-brillant, car on n'a pu encore les apprivoiser, et les accoutumer à la vie domestique, ils se nourrissent de vers qu'ils prennent sur les arbres.

Les aigles sont fort petits ; mais les vautours sont très-gros, forts hardis, voraces, ils attaquent et tuent les animaux terrestres qui ne sont pas d'une grande force. Quelquefois même ils attaquent l'homme quand il est seul, leur bec à quatre à cinq pouces de long; heureusement ils ne sont pas fort nombreux.

Plusieurs espèces d'oiseaux se nourrissent de poissons d'eau douce et de mer, fondent sur eux, les enlèvent, et les portent sur des rochers où il les mangent, quelquefois ils s'attachent à des poissons fort gros qu'ils ne peuvent enlever, et leurs serres y restant engagées, on pêche ces oiseaux avec les poissons.

CHAPITRE VIII.

Produit du Sol et Culture.

(1) L'Asie est la partie du monde où les produits du sol apprétiés en masse fournissent dans la plus grande abondance, et dans la meilleure qualité ce qu'exigent les besoins de l'homme, et ce qu'il recherche pour ses jouissances. Mais cette munificence de la nature ne se manifeste que dans les contrées méridionales; parmi ces contrées, la presqu'île de l'Inde au-delà du Gange est une des plus avantageusement dotée; et on estime que des états situés dans cette presque île, nul n'est plus que le Tunkin investi d'une grande richesse territoriale; les entrailles de la terre, sa superficie, les eaux qui la couvrent ou

qui l'environnent concourent pour fournir et les valeurs les plus réelles, et celles auxquelles l'opinion attache un grand prix ; grains, légumes, fruits, plantes, arbres, métaux, depuis le plus nécessaire jusqu'au plus précieux. Les travaux de l'homme sont libéralement récompensés, et même sur nombre d'objets sont prévenus par des productions spontanées.

Les terres du Tunkin sont d'une grande fécondité, supérieure à celles des terres de la Chine, qu'elle que soit la renommée de celles-ci ; elles sont toujours en fermentation et richement productives. Même au milieu des déserts sont des vallées abondantes en fruits, et des côteaux, qui jusqu'à leurs sommités sont couverts d'orangers.

On ne doit point s'attendre à trouver ici un état détaillé des végétaux, qui croissent dans ce pays ; il en est dans les déserts, et dans les forêts un grand nombre qui ne sont pas connus, ou qui n'ont pas de noms ; et même parmi ceux cultivés, on peut présumer qu'il en est beaucoup qui ont des propriétés, dont on ne soupçonne pas même l'existence ; il serait à désirer que ce vaste et riche champ de la végétation fut observé par d'habiles botanistes, qui pourraient pendant toute leur vie se livrer à ces observations, sans cesser d'avoir à faire d'intéressantes et utiles découvertes. Voici seulement une énonciation des plantes et des arbres les plus connus, et quelques renseignemens sur les végétaux qui sont d'une grande utilité, ou d'une qualité supérieure.

(2) Le produit principal du sol consiste en riz, plante qu'on croit originaire de l'Inde, et avoir passé de cette contrée dans le reste de la terre, où elle forme l'aliment des trois quarts de ses habitans : le riz du Tunkin est de la meilleure qualité qu'on connaisse ; on estime que, dans les bonnes terres, il rapporte quarante à cinquante pour un, et qu'une mesure de terre de quatorze mille pieds quarrés, donne une récolte en riz, paille comprise, de six, huit ou dix mille livres poids de marc.

Quoique généralement le riz ne vienne que dans des terres arrosées d'eau douce, il en croît aussi sur les côtes du Tunkin dans des terres dont l'irrigation s'opère par le fleuve, parce que dans cette partie l'eau de mer est peu salée, à cause de la grande quantité d'eau douce, qu'y mêlent les fleuves. Il est aussi un riz qui vient hors de l'eau dans les terres sablonneuses des montagnes ; mais ce riz sec n'a pas un produit aussi abondant, et n'est pas d'une aussi bonne qualité, que le riz aquatique, et ne sert que de supplément, quand le riz aquatique manque par la sécheresse, ou par une trop grande abondance, ou une trop longue résidence de l'eau sur la terre.

Les terres ne reposent jamais, et donnent par année deux récoltes de riz, dont la première se fait en Juillet, la seconde en Novembre. Communement le riz reste quatre mois en terre ; mais il en est une espèce plus hative, qui plantée dans de bonnes terres, vient en cent jours, c'est un riz d'une espèce plus petite, mais d'un goût excellent.

Quelquefois dans l'intervalle des deux récoltes en riz on en obtient une troisième en légumes, qui se sement en Juillet, et ne restent en terre qu'environ quinze jours ou trois semaines. Quelquefois de ces trois récoltes une seulement est en riz et deux en légumes. Quelquefois la troisième récolte consiste dans une graine noire nommée *rung* qui peut être mangée crue ou cuite.

Les riz sont de qualités fort variées, dont les plus remarquables sont une espèce odoriférante, et une espèce spiritueuse de laquelle on tire l'arrack, liqueur plus forte que les eaux-de-vie de vin ; si l'on mange ce riz en nature il enivre très-promptement.

On cultive avec succès le maïs, autrement dit bled de Turquie, plante qui réunit plusieurs grands avantages, elle est très-nutritive, la culture en est facile, les produits en sont abondans, elle s'accommode de toutes sortes de terres, quoiqu'elle réussisse mieux dans les terres légères, c'est une des plantes qui reçoit le moins d'altération par les excès de sècheresse ou d'humidité. Cependant, le Tunkinois préfère le riz, et ne cultive le maïs que dans les terreins qu'il n'est pas facile de féconder par l'irrigation.

On croit que le froment pourrait réussir dans ce pays, cependant les essais qui en ont été faits jusqu'à présent n'ont pas eu de succès, les épis ont été très-forts; mais n'ont donné presque point de grain. Le chanvre vient bien, et est de bonne qualité, mais on ne sait ni le rouir, ni en faire de la toile, ni des cordes, on se borne à donner la graine à manger aux volailles.

(3) Ce pays possède la pomme de terre, l'ignance, la patate, et beaucoup d'autres plantes nutritives et farineuses, qui tiennent de leur nature. Une de ces plantes la plus abondante, et qui après le riz et le poisson fait le principal aliment du peuple, est d'un goût approchant de celui de l'asperge, elle est en dehors du rouge de la rave, et blanche en dedans, sa qualité et son nom varient selon les terres où elle vient, on la nomme *Cu*, quand elle vient dans les terres sèches, *Khoaï*, quand elle vient dans des terres limoneuses. Une autre racine est d'une couleur violette, qui approche de celle de la betrave; elle a cette couleur à l'extérieur et dans l'intérieur, et perce en terre perpendiculairement. Une autre ressemble assez à la précédente, mais en diffère en ce qu'elle est blanche intérieurement, et extérieurement elle ressemble à ce qu'on appelle en Europe la bête blanche; une autre est jaunâtre et est appelée *Cirée*, parce qu'elle tient de la nature de la cire, en ce qu'elle en a la couleur, et que sa pâte est compacte et gluante; il est une de ces plantes qui

n'est point distinguée par sa couleur, mais par l'abondance de son produit et la hauteur de ses tiges; quelquefois une seule de ces tiges donne jusqu'à cent racines et plus. Cette tige, comme celle du houblon, tient à un arbre ou à un autre support, et s'élève jusqu'à trente pieds de hauteur.

Il croît du cresson, du céleri, des concombres, des citrouilles, des potirons; il est une espèce de citrouille ou de potiron longue de trois pieds, grosse comme la cuisse, qui se conserve plus long-temps que les autres, à cause du duvet qui la couvre, et se vend plus cher à cause de la délicatesse de son goût. Il est aussi nombre d'autres légumes très-différents de ceux d'Europe, et dans ce nombre un très-estimé est la noix de terre, dont le nom désigne la qualité; et un autre plus estimé encore, est un végétal de mer qui croît sur les côtes, et que les Européens ont nommé *chinchou*. Il croît aussi en Chine et y porte le nom de *haï-tsée*, c'est une substance gélatineuse, dont on fait une très-bonne gelée. Il est des légumes et des fruits que la terre produit sans qu'ils soient semés ni cultivés; les forêts, les terreins, déserts en fournissent une très-grande quantité, qu'on n'a que la peine d'aller cueillir, et de porter au marché. Il est aussi beaucoup de feuilles d'arbres qui donnent un aliment bon et agréable, et qu'on mange, cuites ou crues; ces racines, ces légumes, ces fruits, ces feuilles sont d'une grande ressource pour la subsistance quand la récolte de riz manque ou faiblit.

Sous la fiente de l'éléphant croît un champignon de la forme d'une noix, qui est croquant sous la dent, et est estimé un manger si exquis qu'il est réservé pour la table de l'empereur.

(4) Les arbres à fruit d'Europe, qui croissent dans ces pays, sont le pêcher, le prunier, le grenadier, le citronier, l'oranger.

La vigne prend assez facilement, mais le raisin ne parvient point à maturité, et même n'est pas mangeable.

Les citrons ont de l'aigreur et ne servent que pour les acides, dont on a besoin dans les opérations des arts.

Mais l'orange est bien meilleure qu'elle ne l'est en Europe, ni dans aucune autre contrée. On en compte une vingtaine d'espèces, chacune différente par la couleur, la saveur, la grosseur. Il en est de plus petites qu'une noix; il en est de plus grosses qu'une citrouille; et de toutes ces espèces il n'en est aucune qui ne soit saine et douce, et dont la médecine interdise l'usage dans les maladies. Une des meilleures espèces est celle nommée *cam-dunong*, c'est-à-dire, orange sucre; elle est odoriférante, à-peu-près de la grosseur de l'orange d'Europe, mais un peu applatie; la chair est d'un jaune rouge. Une autre espèce un peu inférieure à celle-ci en qualité, mais cependant très-bonne, est le *cam-sen*, c'est-à-dire, orange de paradis. La chair et la peau sont d'un rouge plus pâle. Elle a quelque chose de l'acide stimulant du citron, mais adouci et plus sucré. Une orange supérieure à toutes les autres, est le *cam-tien*, c'est-à-dire, orange pour le roi; cette orange à cause de son excellence est en effet réservée pour le souverain. Il n'est point défendu d'en cultiver, mais il faut tâcher de la cacher, car dès qu'on la découvre, on oblige le propriétaire non-seulement à livrer ce fruit pour le prince, mais à le porter à son palais. La forme et la grosseur de cette orange sont celles d'une petite orange d'Europe; la peau est verte, a la finesse du tafetas le plus mince, et est presque transparente, en sorte qu'on peut à travers distinguer les filamens de sa chair qui est d'une couleur mitoyenne entre le rouge et le blanc; elle embeaume l'air de la chambre où on la mange; son goût est si succulent si agréable, qu'il n'est aucun fruit dont le manger produise une sensation aussi délicieuse.

Un grand arbre nommé *vai* remplace le cerisier d'Europe (*); il porte en grappes son fruit qui est de la figure d'un cœur, et de la grosseur d'un petit œuf de poule; ce fruit, dans la partie supérieure, a le rouge d'une cerise, et dans la partie inférieure est blanc et verdâtre;

(*) C'est le même qu'on a nommé *lechia* ou *lejai*.

le noyau est gris, et ressemble à un maron d'Inde; la peau quoique très-mince est dure, et on ne peut la manger; la chair se sépare facilement de la peau et du noyau; elle occupe dans cet espace environ deux lignes et demie, sa couleur est d'un blanc transparent, son goût est fondant, c'est un des fruits les plus estimés de l'Asie, mais il ne se conserve que six semaines, et n'est bon que vers le vingtième degré de latitude septentrionale; à une plus grande proximité de l'équateur il ne parvient pas à sa maturité. On en confit une grande quantité.

Un figuier nommé *va*, différent de celui d'Europe, porte des fruits qui, comme plusieurs autres de ce pays, sortent du corps de l'arbre. Ils sont plus gros, mais moins agréables que ceux d'Europe. Au milieu du fruit est une gelée cristalisée, blanche, sucrée; il y en a de quoi remplir une cuillere à bouche; dans le cœur du fruit sont de petites mouches qui s'envolent à l'ouverture du fruit.

(5) Le Tunkin possède aussi presque tous les fruits de l'Inde, et plusieurs sont d'une excellente qualité.

L'*ananas* vient sans culture, et est si commun qu'il se vend au plus vil prix.

Le *bananier* a des fruits qui tiennent de la figue, et forment un bon manger, mais ne sont pas assez substantiels pour servir seuls d'aliment; leur substance est pulpeuse, odoriférante, fondante; mais il est prudent de ne les pa smanger à jeûn. Dans leur plus grand volume, ils ont six pouces de long; sont de la grosseur d'un boudin ou d'une andouille, et ont la forme d'une courge. Cet arbre porte jusqu'à 150 ou 200 de ces fruits qui sont attachés à une seule grappe, y sont placés par rang, et forment la charge d'un homme. La tige de l'arbre est spongieuse et tient de la nature du jonc; on en distingue deux espèces, de grands et de nains. Dans un an de plantation il parvient à sa hauteur, dont le dernier degré est de quinze pieds; c'est alors qu'il donne des fruits, qui, chaque année, viennent à maturité à une époque correspondante à celle de la plantation; il pousse de ses racines à quelques pieds de son tronc un assez grand nombre de rejetons; mais ordinairement on n'en laisse venir qu'un ou deux; ses feuilles sont très-larges. Est-ce de ces feuilles que nos premiers pères se sont servis pour couvrir leur nudité, ainsi qu'on le croit en Asie et en Afrique ? C'est une question historique qu'il n'est pas fort intéressant d'approfondir.

Le *hong* dont la hauteur est à-peu-près celle d'un grand prunier, donne un fruit des plus beaux à la vue, et qui plaît beaucoup aux habitans de l'Asie; ce fruit est de la grosseur d'une petite orange, et de la longueur de deux pouces, il a cinq pétales; ceux qui n'ont point de pepin sont les plus estimés; il en est de deux espèces, les uns rouges fondans et sucrés, les autres blancs.

Le *myte* que, dans d'autres contrées, on nomme *jaca*, porte les fruits les plus gros que donne aucun arbre; leur pesanteur fait qu'ils ne peuvent être soutenus par les petites branches, et ne sortent que du corps de l'arbre ou des grosses branches; cette production commence à quelques pieds de l'élévation de l'arbre au dessus du sol; c'est un fruit salubre et d'un goût agréable.

Le *ché* que les Européens nomment *carembole*, a environ vingt pieds de hauteur; son fruit est long de deux à quatre pouces, et se sépare en cinq parties, mais adhérentes les unes aux autres; son goût est bon, assez agréable, mais aigrelet; on le mange cuit ou cru, et dans les sauces avec lesquelles on accommode le poisson, il supplée le vinaigre et le citron.

Le *thi* (*) s'élève à une très-grande hauteur, étend au loin ses branches, et couvre un grand espace; son feuillage est épais et agréable; il passe pour le plus bel arbre de ces pays, les gens de campagne s'assemblent sous l'ombrage qu'il forme, cependant sa feuille est un poison; mais son fruit est sain; sa forme est celle d'une belle pomme de reinette; il renferme cinq pepins gros,

---

(*) Il paraît que c'est le même arbre que le *lombo* de l'île de Ceylan.

plats et d'une consistance fort dure; la peau et la chair sont d'un jaune d'or sans tâche, cette chair est douce et sucrée, on peut en extraire de l'arrack.

La canne à sucre vient dans les plaines, à la proximité des rivières, et supporte les inondations pourvu qu'elles ne soient pas de très-longue durée; elle croît aussi sur des montagnes qu'on taille à cet effet en gradins, et qui forment des amphithéâtres très-agréables; les terres de ces montagnes les meilleures pour cette production, sont des terres rouges et pierreuses.

Ces cannes sont de trois espèces: l'une qui est la plus grande est de deux pouces et demi ou trois pouces de circonférence; elle est haute de neuf à dix pieds; son sucre est de faible qualité; ordinairement on la mange en verd. Une seconde espèce est blanche, grosse comme le pouce, et haute de cinq à six pieds; en sortant de terre jusqu'à la hauteur d'un pied, elle est moins grosse qu'elle ne l'est au dessus; le sucre en est bon. La troisieme espèce est rouge, a les mêmes dimensions que la blanche, et donne du sucre de même qualité.

(6) Après les arbres qui portent des fruits alimentaires, viennent ceux qui fournissent la substance de boissons saines et agréables, ou des ingrédiens dont la mastication produit de douce sensations.

Dans les montagnes et dans les jardins on

cultive *l'areque* et le *betel;* l'areque espèce de palmier, s'élève en droite ligne à une très-grande hauteur sans branches, et n'a à sa tige qu'un bouquet de feuilles, au dessous desquelles se trouvent quatre à cinq grappes, dont chacune porte quatre ou cinq cent fruits, ayant quelque ressemblance avec la datte, et gros comme des noix, quelquefois plus. Cet arbre est un des plus agréables par sa forme élégante et droite, et des plus lucratifs par le haut prix de son fruit.

Le *betel* est une plante qui comme le lierre s'attache à un arbre, et s'élève à sa hauteur, mais qui n'a pas l'inconvénient de nuire à l'arbre auquel il s'attache, sa feuille a quelque ressemblance avec celle du citronnier; son goût est aromatique.

Dans la haute Cochinchine croît du café de bonne qualité, mais on en cultive très-peu. Les habitans du pays n'aiment pas cette boisson, ils en laissent perdre le grain, et n'en estiment que les feuilles dont ils font une tisanne qu'ils font prendre aux femmes en travail dont les accouchemens sont difficiles.

Dans la province de *Xu-than* dans le *Tunkin,* sont deux montagnes où on récolte une canelle qui s'appelle *qué,* et qui est fort supérieure à toute autre, même à celle de Ceylan. Le canellier est d'un bois dur, et a un fruit de la grosseur d'un gland; cet arbre qui est d'une grande valeur la doit à son écorce, intermédiaire entre l'écorce extérieure et le cœur de l'arbre ; il se trouve aussi des canelliers dans la Cochinchine, mais ils y sont d'une qualité défectueuse ; c'est vraisemblablement ce qu'on nomme fausse canelle.

Le poivrier qui est très-rare dans le Tunkin, est assez commun et d'une très-belle espèce dans la Cochinchine. Cet arbrisseau s'élève jusqu'à la hauteur de douze pieds, mais ne peut se soutenir par lui-même, et a besoin d'un support. A l'extrémité de sa tige sont des grappes qui ressemblent à celles du groseiller, et qui sont composées de fruits de la grosseur d'un petit poids ; il commence à donner des fruits à la troisième année de sa plantation, en donne abondamment dans les trois années suivantes, diminue ensuite de produit pendant trois années, et après cesse presque entièrement d'être productif ; le plus fort produit est de six à sept livres.

Le gingembre croît sans culture, et vient en si grande abondance, que comme on en a beaucoup plus qu'on n'en a besoin, et qu'on n'en exporte point, on en donne à qui en demande, sans le faire payer.

Il y a fort peu de muscade et de girofle, on fait venir de Chine presque tout ce qu'on en consomme.

Les arbres à *thé* sont en grand nombre ; mais les opinions sont partagées sur sa qualité : les uns prétendent que ce thé est d'une qualité fort inférieure à celle du thé de la Chine, d'autres soutiennent qu'il a la même saveur, la même odeur, et le même goût; d'autres prétendent qu'on peut concilier ces opinions en distinguant les espèces de thé, que celui qui vient sur les montagnes n'a en effet ni la force ni la saveur de celui de Chine, mais que celui qui vient dans de bons terreins ne doit point être réputé inférieur; que si celui-ci obtient la préférence en Europe, il la doit à l'art qu'ont les Chinois et qui manque aux Tunkinois, de mieux en préparer les envois, et de le préserver de la détérioration qu'opère une longue résidence sur mer.

(7) Plusieurs plantes qui sont les matières premières des arts, ou des ingrédiens nécessaires à leurs opérations, sont en très-grand nombre. L'indigo qui est si essentiel à la teinture, et qui se vend si cher, est très-commun; mais on prétend qu'il n'est pas d'une bonne qualité, cependant la teinture en bleu qui se fait dans le Tunkin, est fort estimée.

Les plantes médicinales sont aussi en très-grande abondance; mais leur qualité et leur propriété ne sont pas bien connues. Le Camboge est le pays qui en fournit le plus.

Dans le Laos sont des bois de construction, et de menuiserie de la plus grande hauteur et de la plus belle qualité; des bois d'aloës et d'autres bois précieux, et l'arbre dont on extrait le vernis. Ce vernis tire un peu sur le noir, et on le rend ou rouge ou d'un noir foncé en y mêlant des ingrédiens; il est d'une bonne qualité; on prétend même qu'il n'est pas inférieur à celui du Japon; mais comme on ne connaît pas bien l'art de le préparer, on le porte en Chine, où il est travaillé, mais falsifié. Cet arbre est de la même espèce que celui que les Chinois nomment *bé-chu*.

Le *nau* croît comme le lierre, et a besoin d'un appui, il donne un fruit rond, et presque noir, dont mangent quelques castes sauvages du Laos, mais son usage ordinaire et important est de servir à la teinture en brun et en rouge; teinture qui a la propriété de donner une grande durée aux substances sur lesquelles elle est appliquée. On teint avec ce fruit des filets pour la pêche faits de soie ou d'orties; et beaucoup d'autres arbres fournissent des matières propres à la teinture.

Il est un arbre resineux, qui contient une substance graisseuse, qu'on peut croire de la même espèce que celle de l'arbre à suif, ou celle de l'arbre que *Park* a découvert sur lès bords du Niger, et qu'il nomme l'arbre à beurre.

Le cotonier y est en très-grande quantité, et forme pour ce pays une très-grande richesse; il donne un vêtement très-bon, à très-bon marché; et quand on peut y mettre un plus haut prix, ce vêtement est très-fin et très-beau.

Les mûriers n'y sont pas moins nombreux et donnent d'excellentes feuilles pour la nourriture des vers à soie.

Le *thy* dont nous avons déjà fait une mention avantageuse à raison de sa grandeur, de sa beauté et de ses fruits, a encore le mérite d'avoir un bois dense et dur, que les tourneurs pour leurs ouvrages préfèrent à tout autre.

Le bois *de fer*, plus dur encore, est si pesant qu'il ne surnage point ; frotté avec quelques herbes il acquiert la plus belle polissure, qui lui donne l'éclat et le brillant que peut donner le plus beau vernis. Ce bois ne vient que dans trois provinces du Tunkin : comme il n'est pas très-commun, il y a eu des temps ou la crainte d'en manquer l'a fait réserver pour l'empereur et les mandarins ; et il a été défendu aux particuliers d'en bâtir des maisons.

Les montagnes sont couvertes, et les déserts sont remplis d'une grande quantité et d'une grande variété d'arbres propres à la menuiserie, à la charpente, à la construction des maisons et des vaisseaux. On admire surtout ceux du Laos ; mais le manque de cours d'eau met une grande difficulté à leur extraction, et laisse sans emploi la plus grande partie d'un produit si important.

Malheureusement, il est dans ces pays un genre de fourmis blanches, qui piquent et détruisent ces arbres, à l'exception de cinq ou six espèces, qui sont à l'abri de leurs atteintes.

(8) Plusieurs espèces de bois sont odoriférantes, le goyavier qu'on appelle *oi*, répand une, odeur fort agréable ; et le charbon de ce bois est

fort recherché, soit pour la fonte des métaux et les opérations d'orfevrerie, soit pour la confection de la poudre à canon.

Un bois odoriférant fort au dessus de tous les autres, est une espèce d'aloës auquel il paraît qu'on a donné divers noms *calembac, calembouc, bois d'aigle.* En France, dans le commerce, on tient que ces trois dénominations se rapportent à trois parties d'un même aloës, *calembac* en est le cœur, *calembouc* est l'entour du *calembac,* le *bois d'aigle* est entre le calembac et l'écorce. La moindre partie de ce bois étant brûlée embaume tout un appartement; on en fait usage dans les palais et dans les temples; et il est vendu au poids de l'or; mais ce qui est fort surprenant, l'excellent parfum qu'il répand tient à la coagulation de la sève, et c'est à une détérioration, et à une maladie qu'il doit son excellente odeur; on tient que la plus belle espèce croît dans la Cochinchine.

(9) Venons enfin aux deux sortes d'arbres dont la possession est réputée le plus avantageux; d'abord le palmier, dont les espèces sont nombreuses, et si inégales en grandeur, qu'il en est qui ne passent pas quatre pieds, et d'autres qui s'élèvent au dessus de soixante; mais toutes ont une forme cylindrique, et sont presque égales en grosseur dans toute leur hauteur; leur corps est composé de grosses fibres, ligneuses, lisses, flexibles, légèrement comprimées, et consistentes dans

des fibres plus petites étroitement unies, enveloppées d'une moëlle qui en contient la sève; dans plusieurs espèces à la tête de l'arbre est placée perpendiculairement une feuille, ayant la forme d'une pique; quand elle est parvenue à sa maturité, elle s'ouvre, et il en sort cent ou cent cinquante feuilles à une distance de huit ou dix lignes les unes des autres, et adhérentes à la grande feuille qui les contenait, et qui fait place à une autre de même qualité.

Une des espèces de palmier le plus remarquable, est celle nommée *co*, qui ne donne point de fruit, mais est très-haute, et est d'un bois qui se conserve long-temps dans l'eau, et par cette raison est employé pour les piles des ponts. Sa feuille est aussi fort recherchée pour les chapeaux, parce qu'elle est peu pénétrable aux rayons du soleil. Dans les temps de disette on mange cette feuille dans sa primeur.

Une autre espèce de palmier dont les feuilles par leur grande impénétrabilité, sont encore plus que les autres recherchées pour la fabrique des chapeaux, ne donne point de fruit ainsi que la précédente, et en diffère en ce qu'elle est beaucoup plus petite, et ne s'élève pas à plus de dix ou douze pieds; ce qui ne permet pas de l'employer pour les piles de pont.

Parmi les palmiers qui donnent des fruits, le plus célèbre est le cocotier, qui s'élève à quarante, cinquante ou soixante pieds, et dont toutes les parties sont d'une grande utilité. Son fruit consiste en une noix qui communément n'est grosse que comme un petit melon, mais quelquefois comme une citrouille. Cette noix est tapissée à l'extérieur d'une substance filandreuse, qui sert à faire des étoffes grossières, des cordages, des filets pour la pêche, et à calfater des navires; les pauvres en la mêlant avec quelques ingrédiens en forment une matière propre à la mastication, et qui supplée l'arréque. Le corps de la noix est dur et épais, et sert à faire des vases, cette noix contient une pellicule, qui peut être un peu plus, ou un peu moins forte dans diverses contrées, mais qui, dans le Tunkin, n'a que quelques lignes d'épaisseur, et est trop peu volumineuse pour faire seule la nourriture d'un homme, qui n'aurait pas à sa disposition une très-grande quantité de cocos. En dedans de cette pellicule sont une ou deux pintes d'eau fraîche, blanchâtre, claire sucrée, qui tient de la nature d'un lait léger, peu substantiel, et qui dans la parfaite maturité du fruit s'épaissit et se convertit en une liqueur jaunâtre, aigrelette, cependant assez agréable à boire. Dans l'intérieur est une amande qui grossit à mesure que la liqueur se sèche.

Dans d'autres pays on tire du cocotier du vin, et même avec du levain on en fait de l'arrak, mais on n'en tire point ce parti dans le Tunkin; et c'est un bonheur, parce que c'est une eau-de-vie extrêmement mal saine; les feuilles dans leur primeur peuvent, avec quelque préparation, remplacer le papier, et servir à l'écriture tracée par un stilet. Lorsque ces feuilles ont acquis leur maturité, elles sont longues de dix à douze pieds, et servent à faire des parasols, des tamis, des filets pour la pêche, des voiles pour les navires, des couvertures pour les maisons.

Une autre espèce de palmier à fruit, nommée *cro*, est moins haute que le cocotier, a des fruits beaucoup plus petits, et qui consistent en des noix grosses comme celles d'Europe, et rangées par grappes, qui en contiennent trente ou quarante. Ces noix sont trop dures pour être mangées mais on mâche une substance qui l'entoure, après l'avoir fait cuire dans l'eau bouillante; et on assure que, malgré cette cuisson, le noyau étant semé, germe et produit. La feuille de cette espèce de palmier est plus large que celle du cocotier, elle a quelquefois jusqu'à quatre pieds de diamètre, et par cette dimension elle est plus propre à couvrir les maisons, une seule feuille fait un parasol; elle a une queue, tenante à l'arbre, longue de trois pieds et demi, et qui sans être de l'essence du bois, a une solidité suffisante pour servir de manche de parasol.

Le bambou, arbre généralement répandu dans l'Inde, est très-commun et d'une très-belle qualité dans le Tunkin. Il y est réputé d'une utilité encore plus grande, et plus étendue que celle du cocotier; et il réunit nombre de propriétés qui n'appartiennent qu'à lui.

Cet arbre qui tient de la nature du roseau, est creux dans son intérieur, cependant solide; il a des nœuds à des distances égales, mais dont les distances varient dans les divers arbres, on en distingue huit espèces; il en est qui n'ont pas plus de huit dix ou douze pieds de haut; il en est qui en ont plus de soixante. La grosseur varie depuis celle d'une plume d'oie jusqu'à celle du corps d'un homme; il sort de terre avec la grosseur qu'il doit avoir dans presque toute sa hauteur.

La rapidité de sa croissance est prodigieuse; quelquefois en un seul jour elle est de trois à quatre pouces. Il y a des exemples que cet arbre parvient à la hauteur de trente pieds dans l'espace de six mois; il n'a de feuilles que quand il a atteint toute son élévation.

Jusqu'à ce qu'il soit parvenu à trois ou quatre pieds de hauteur, il est bon à manger, ensuite il devient dur; et les pauvres qui n'ont pas d'autre aliment sont les seuls qui en mangent. Parvenu à sa maturité, il produit un fruit qui est de bon goût, et qui passé à l'alambic donne de l'arrack. De son corps on tire un jus médécinal, rafraîchissant, et dont la vertu est de guérir la jaunisse et la dissenterie, maladies communes dans ce pays; de ses branches on fait des hayes pour les jardins, clôture nécessaire contre les invasions des bêtes sauvages et féroces.

Son bois sert à faire des charrues, des herses des pioches, et tous les instrumens de labour, pourvu qu'ils soient garnis de fer.

Deux morceaux de ce bois, frottés fortement l'un contre l'autre, donnent promptement du feu, et suppléent le briquet.

Tous les engins de la pêche excepté les filets et les hameçons, sont faits de bambou, on en fait même des barques et des navires.

Il est des maisons qui sont entièrement composées de ce bois, les piliers qui les soutiennent, les cloisons, les planchers, les toits, les meubles.

On en trouve deux espèces particulières dans le Laos qui sont employées à la couverture des maisons. Après avoir coupé ce bois par petites parties et l'avoir pelé, on en fait des baguettes dont on forme le toit des maisons, et cette couverture dure trente à trente-cinq ans.

Le Tunkinois préfère le bambou au cocotier; d'abord, parce que le cocotier par la nature de son bois qui est spongieux, ne peut être employé à la construction ni des navires ni des maisons; et parce que n'ayant que de faibles racines, il est exposé à être déraciné par les vents impétueux qui sont fréquens dans ce pays; mais en outre, parce que le bambou est propre à beaucoup plus d'usages, et que croissant beaucoup plus vite, on en tire plutôt parti; le Tunkinois est tellement frappé de l'utilité de cet arbre, que quand on lui dit qu'il est des pays où il ne croît pas, il ne peut se persuader qu'on puisse les habiter.

(10) Tant d'heureux dons de la nature sont compensés par des présens funestes. Nombre d'arbres ont des fruits et des feuilles d'une qualité dangereuse et même venimeuse. En automne leurs feuilles tombent dans l'eau dont on boit, la rendent mal saine et morbifique; les feuilles de l'arbre de fer ont surtout cette funeste qualité; si on les fait bouillir, ou même si elles pourissent seulement dans l'eau, cette eau empoisonne.

Il est un arbre qui a des fruits de la grosseur d'une noisette et de la forme d'une poire, dont on peut manger sans danger, mais si on jette ces fruits dans une eau, où il y ait du poisson, le poisson périt.

On ne peut toucher aux feuilles d'un arbuste qui ressemblent à celle du figuier, sans ressentir une vive douleur; la main enfle, et la peau tombe; il n'est qu'un côté de la feuille revêtu d'un duvet qui produit cet accident, très-dangereux s'il n'y est promptement apporté un remède, qui se trouve dans l'arbuste même; c'est le jus qu'on tire de son pié et qu'on applique sur la partie lésée. Cet arbuste vient de bouture et forme d'excellentes hayes, d'autant que les animaux étant avertis par leur instinct des effets pernicieux de cet arbuste, n'osent en approcher.

Dans quelques cantons habités par des sauvages on se sert du suc venimeux des plantes et des arbres pour empoisonner les flèches et d'autres armes.

Passons à des objets dont la contemplation soit plus agréable.

(11) Les jardins sont ornés de nombre de fleurs belles et odoriférantes, dont il n'y a que le jasmin et le muguet, et deux espèces de roses qui ressemblent aux fleurs d'Europe. De ces deux espèces de roses, il en est une qui n'a d'odeur que jusqu'à neuf heures du matin, et l'autre n'en a point du tout. Il est aussi un très-grand arbuste qui porte de grosses roses sans odeur, qui dans le cours d'un seul jour, changent trois fois de couleurs, blanches le matin, roses à midi, rouges le soir ; à l'entrée de la nuit elles se fannent et tombent ; ce qui n'empêche pas que, pendant cinq mois, cet arbre ne soit couvert de roses, parce qu'il porte une très-grande quantité de boutons qui éclosent successivement. Il y a aussi de très-grands arbres qui donnent du coton d'une qualité médiocre et dont les fleurs ressemblent à des roses ordinaires.

(12) Le gouvernement sent l'importance dont il est de tirer du sol tout le parti possible, et professe pour l'agriculture une considération dont il donne des preuves authentiques. Le souverain du Tunkin, ainsi que celui de la Chine, chaque année s'associe solennellement aux travaux du laboureur ; et en présence du peuple assemblé, dirige une charrue, et laboure un champ. Des er-

reurs superstitieuses se mêlent à cette sage et édifiante solennité ; sur ce champ impérial on apporte de tous les cantons des terres, parce qu'on croit qu'il émane de la puissance impériale, une vertu secrète, qui féconde les terres qu'elle cultive, et que par simpathie cette fécondité se communique à toutes les parties du sol dont ces terres ont été extraites.

(13) Cependant l'agriculture malgré ces marques de considération, est très-imparfaite dans quelques-uns de ses procédés, quoique bien entendue dans d'autres. La culture du riz consiste à le faire germer dans de la boue délayée et bien unie; ensuite on le sème dans un terrein bien préparé, et lorsqu'il a crû jusqu'à sept ou huit pouces, ou même jusqu'à dix, on le plante à la main dans une terre couverte de deux ou trois pouces d'eau; dans les bonnes terres les plantes de riz sont à un pié l'un de l'autre, dans les mauvaises terres elles ne sont qu'à un demi pié.

Avant cette plantation la terre a été labourée et hersée. La herse est de bois, et de la même forme que celle d'Europe. La charrue est d'une construction très-simple; il n'y a point de roues; le soc qui fend la terre est emmanché à un morceau de bois très-fort, qui sert de timon, et auquel est joint un manche qu'on ne peut tenir que d'une main; un seul animal suffit pour traîner cette charrue, dans les terreins secs et légers on n'y attèle qu'un bœuf, ou même une vache: mais comme il est assez ordinaire que par la molesse de la terre, l'animal qui laboure y enfonce jusqu'à mi-jambe, et même jusqu'au ventre, on est le plus souvent obligé d'atteler un bufle parce qu'il est plus fort que le bœuf et plus élevé sur jambes.

On cultive aussi la terre avec une grande pioche de bois garnie de fer, et d'autres instrumens qui ne valent pas les nôtres.

Quoique la terre ne repose jamais, on ne la fume point; un blanc limon dont elle est presque toujours couverte tient lieu d'engrais.

Le résultat de ces procédés aratoires, est que la terre est imparfaitement divisée, et n'est remuée qu'à peu de profondeur; les gens du pays prétendent que si on labourait plus profondément, on ramenerait la mauvaise terre à la surface, ce qui peut être vrai pour quelques terreins, mais ne peut l'être pour tous.

Dans les terres d'alluvion qui ne sont inondées que deux fois par jour par le refoulement des eaux que produit le flux, on se dispense du labour. Un homme avec deux morceaux de bois pointus fait des trous de quatre à cinq pouces de profondeur, à un pié et demi de distance les uns des autres; une femme qui le suit jette dans ces trous quatre ou cinq grains de riz sans se donner la peine de les recouvrir; les eaux refoulées par le flux, étendent la terre sur ce riz, et comblent les trous au bout de cinq ou six jours. La fécondité de ces terres a tant d'énergie que la plantation du riz s'y fait plus tard que dans les terres labourées; et cependant quelquefois on est obligé de couper ce riz en verd, parce qu'il croît en trop grande abondance.

Lorsque le riz est parvenu à sa maturité, on le coupe avec un instrument composé d'une lame emmanchée transversalement dans du bois, en sorte que l'instrument fait un angle; ensuite on laisse le riz reposer dix à douze jours sur une terre sèche, puis on le pile avec les pieds nus pour séparer la paille de l'épi, et on sépare le grain de l'épi en le faisant passer dans des moulins à bras.

(14) La culture des arbres et des légumes est beaucoup mieux entendue; on en a porté l'industrie jusqu'à y introduire les procédés curatifs, qui, dans les autres pays, ne sont employés que pour le règne animal. Dans certaines maladies des arbres, on les saigne en extrayant une partie de leur sève, et la répandant à leur pied, si l'arbre est attaqué d'une humeur intérieure, on lui fait un cautère par lequel s'opère l'évacuation de l'humeur vicieuse. On distingue dans un arbre malade si son mal procède de quelque ver, qui placé dans son intérieur, en mange et corrompt la substance; et alors on fait périr ce vers, en injectant dans la partie supérieure de l'arbre du tabac ou quelques autres drogues corrosives. Quelquefois les arbustes et les légumes sont attaqués de maladies épidé-

miques, qui gagnent d'une racine à une autre, ou d'une feuille à une autre, et dont la communication s'opère par le vent; alors on arrête la contagion en séparant les lieux infectés des lieux sains par une espèce de mur formé en pieux garnis de paille, placés et élevés de manière à intercepter le cours du vent. On a aussi un moyen de revivifier les arbres décrépites : on les dépouille de leur écorce, et on les enduit de terre grasse fortement contenue par des liens. Cet arbre, dans cet état, pousse des racines à son sommet; on coupe ces extrémités au dessous des racines, qui, replantées, reprennent promptement et donnent des fruits dans l'année.

On recueille le vernis par une incision dans l'arbre qui le produit, et quoique cette extraction ne soit pas aussi dangereuse que l'application de cette substance, elle exige des précautions.

La resine que donne l'arbre qui tient de l'arbre à suif en est aussi extraite par incision, et on la récolte après deux ou trois jours d'écoulement.

On ne reproduit point l'oranger par semence de sa graine, mais par la voie de la greffe en fente ou en écusson.

Le poivrier ne vient point de semence, mais par bouture; on soutient sa tige sur un arbre ou sur un échalat. La culture consiste principalement à le mettre à portée de recevoir l'action du soleil, et pour cet effet, à son pied, on fait un labour léger, on sarcle avec grand soin, et on élague les arbres qui servent de support ; la récolte se fait en Octobre.

Les areques sont à environ six pieds les uns des autres. Pour en recueillir les fruits, un homme monte en haut d'un arbre, en coupe les fruits qu'il descend dans un panier attaché par une corde, dont le bout est passé autour de son corps ; puis, au lieu de descendre de cet arbre pour gravir sur un autre, ce qui prendrait un long temps, il ébranle l'arbre sur lequel il est, et lorsque par la vacillation, il l'a fait approcher de l'arbre dont il veut recueillir le fruit, il s'y jette et continue sa récolte.

On plante le mûrier en forme de charmille, et par rangs si proches, qu'ils ne laissent que l'espace nécessaire pour le passage de l'homme qui recueille la feuille. On ne laisse point ces charmilles s'élever au dessus de la hauteur d'un homme, et on les renouvelle tous les trois ou quatre ans par voie de bouture. Par ce renouvellement la feuille qui sert à la nourriture des vers à soie, est plus tendre et plus douce.

On coupe la tête des cannes à sucre ; on les fait germer, puis on les replante : cette opération se répete tous les ans ; et on est dans l'usage de déraciner la canne, parce qu'on a observé que sa repousse ne donne qu'une canne faible et de mauvais sucre. On ne sait point tirer de cette canne le parti qu'on en tire dans d'autres pays; on mange les plus tendres comme des confitures; on fait passer les autres dans des cilindres qu'on fait tourner par le tirage d'un bufle, mais on n'en obtient que de la cassonade grossière; et lorsqu'on veut la rafiner, on en fait de gros pains quarrés, creux en dedans, et qui ne sont blancs que par la chaux qu'on y mêle. Depuis quelques années les Chinois établis dans le Tunkin, extraient des cannes un sucre candi, qu'ils font passer en Chine.

Jusqu'à ces derniers temps, on n'obtenait le sel que par l'action du feu, en faisant subir à l'eau de mer une ébullition. Actuellement on ignore encore le procédé de la graduation; mais on introduit l'eau de mer dans de grands bassins secs et enclos, où, par la seule action du soleil, se forme un sel qui est bon, mais moins blanc et moins salant que celui formé par l'ébullition.

Le Laos et le Lac-tho qui n'ont point de sel, et qui n'en tirent que du Tunkin ou de la Cochinchine, lorsqu'ils étaient en guerre avec ces états, faisaient brûler une espèce de bambou, qui a un caractère salin, et employaient ses cendres en guise de sel.

Nous avons vu que les plus grandes richesses que renferment les entrailles de la terre y restent enfouies par ordre du gouvernement, et les mines qu'il est permis d'exploiter, sont assez mal travaillées, d'autant que ce travail exige l'emploi de nombre d'arts qui, dans ce pays, sont dans l'enfance.

(15) Quand la culture Tunkinoise sert le luxe, et qu'elle s'occupe à embellir le sol, au lieu de l'enrichir, elle déploie un goût quelquefois bisarre, mais qui, quelquefois aussi, n'est pas sans agrément; goût étranger à celui de l'Europe, analogue à celui de Chine, mais plus recherché et plus élégant. On taille des arbustes de manière à leur faire produire des effets extraordinaires, et on les attache avec du fil d'archal, de manière à leur donner des formes à volonté, tantôt agréables, tantôt grotesques. Quelquefois on leur fait pousser de gros nœuds, puis on les écorce, on les mutile, et on leur donne l'apparence d'arbres décrépites et mourans au milieu d'une végétation jeune et verdoyante. On élève dans les jardins avec de grandes pierres, des rochers artificiels, et des grottes, où on apprivoise des oiseaux; on a aussi de grandes cuves qu'on remplit d'eau, et où l'on place des poissons dorés et argentés. Quelquefois par un goût plus utile, ces jardins sont employés à former des pepinières de plantes médécinales.

(16) Il est difficile de donner une mesure de l'étendue et des limites de la culture, dans les pays soumis à la domination de l'empereur; cependant on croit pouvoir estimer par approximation que, dans le Tunkin, celui de ces pays qui est le plus fécond et le plus soigné, la moitié seulement est cultivée, ce qui ne doit pas faire croire

que l'autre moitié soit sans produit; car les forêts qui couvrent les montagnes, sont d'une valeur très-réelle; et les seules terres sans valeur sont quelques montagnes sablonneuses, où il croît à peine de l'herbe. Dans la province de *Xu-Nam* une des provinces du Tunkin la plus étendue, pays de plaines, et où la population est, comme nous l'avons observé, beaucoup plus nombreuse que dans aucune autre province, il n'est presque aucune partie de la terre qui ne soit en culture.

Dans la haute Cochinchine on estime qu'il n'y a que le cinquième du terrein qui soit cultivé; la basse Cochinchine est beaucoup plus cultivée que la haute.

On ne peut se former une idée de la culture du Tsiampa, d'autant que ce pays n'est habité que par des sauvages qui n'ont point de communication avec leurs voisins; mais la nature du sol, et le caractère des habitans autorisent à croire, que c'est de tous ces pays celui où la culture est en plus mauvais état.

Le bas Camboge étant incorporé dans la Cochinchine, il est inutile d'en faire mention particulière, le haut Camboge en diffère peu.

Dans le Laos on ne compte qu'environ un dixième du terrein en culture, et presque toute cette culture consiste en riz.

Dans le Lac-tho il y a un peu plus de culture que dans le Laos.

CHAPITRE IX.

Pêche et Navigation.

(1) Le poisson étant un des principaux alimens du Tunkinois, la pêche est pour lui du plus grand intérêt; sur cet article la nature l'a traité très-avantageusement, et il a secondé ses bienfaits. La mer, les fleuves, les rivières, les ruisseaux, et même la terre par les inondations et irrigations offrent à la pêche un immense espace; on compte dans les provinces maritimes presque autant de pêcheurs que de cultivateurs et l'art de la pêche n'est peut-être nulle part mieux entendu que dans le Tunkin. Les poissons ont été observés dans toutes les particularités qui les caractérisent; leurs espèces ont été classifiées avec une grande sagacité; on a étudié leur genre d'ins-

tinct, le degré de leur intelligence, leurs affections, leurs aversions, leurs goûts; on a distingué les changemens que causent en eux l'âge, le sexe, les localités, les saisons, les mois, la température, le jour, la nuit, même les heures du jour et de la nuit : cette connaissance de leurs mœurs, s'il est permis de donner ce nom aux inclinations, et à la manière d'être et de sentir, qui distinguent ces animaux, dirige les moyens de les prendre.

Ces moyens sont infiniment variés, plusieurs ne sont connus que des Tunkinois, et plusieurs de ceux connus des autres nations, sont pratiqués dans le Tunkin avec plus d'art; on y manie la ligne, le filet, et les autres engins de la pêche avec plus de dextérité. Les nasses et les autres pièges sont mieux construits et mieux placés. On effraye le poisson en allumant sur l'eau des feux qui le font fuir, et le font sauter dans le bateau pêcheur, pour y chercher une retraite; la nuit au clair de lune, on adapte au bateau une planche vernissée et inclinée sur laquelle saute le poisson et d'où il tombe dans le bateau. Quelques pêcheurs marchent dans l'eau avec des échasses et y prennent le poisson à la main; mais cette pêche est dangereuse, parce que si les inégalités du fond de l'eau font tomber le pêcheur, les échasses l'empêchant de se relever, il se noye. D'habiles plongeurs vont jusqu'au fond de l'eau prendre le poisson, qu'ils rapportent à la surface de l'eau.

Quelquefois ils jouent avec ces poissons qui les prenant pour de nouveaux compatriotes, se familiarisent avec eux, et les suivent ; et les plongeurs vont se jetter dans les filets d'où on les retire avec les poissons qui les ont suivis.

Nombre d'autres moyens et artifices sont employés ; il est des poissons qui se plaisent à se placer dans des vases d'une certaine substance, et d'une certaine forme, qu'on met à leur proximité ; on en attire d'autres en leur présentant des couleurs pour lesquelles on a remarqué qu'ils ont de l'attrait ; d'autres sont attirés par des feuilles odoriférantes dont ils aiment à respirer l'odeur, d'autres par des sons qui font impression sur eux ; ainsi le goût, l'odorat, louïe, la vue, tous les sens du poisson servent d'amorce. Dans la guerre que le Tunkinois fait aux animaux aquatiques, il a fait intervenir les animaux aëriens ; et dans cette classe d'alliés celui qui est employé avec le plus de succès, est l'épervier qui, dans ces contrées, est plus grand, plus fort, plus obéissant qu'en Europe.

(2) La molue et la sardine sont les deux poissons dont la pêche est le plus abondante, et dont la consommation est plus grande. Il est deux manières de pêcher la sardine, qui méritent d'être observées : dans l'une on jette au fond de la mer une quantité de feuilles vertes liées à des pierres ; ensuite on va avec des barques lever cette masse de feuilles à laquelle s'attache un banc de sardi-

nes, et à chaque coup de filet on retire une multitude de ces petits poissons; une autre forme de cette pêche est très singulière, lorsqu'un poisson qui n'est guères moins gros que la baleine, mais est d'une espèce différente, et que le pêcheur Tunkinois révère comme une espèce de divinité, trouve un banc de sardines, ce poisson reste immobile, élève la partie supérieure de sa machoire au dessus de l'eau, tient la partie inférieure au dessous, et avec ses grandes nageoires fait entrer dans sa gueule les sardines par milliers; après quoi il la referme et les avale, et l'eau sort par les côtés de cette gueule. Les pêcheurs qui aperçoivent cette machoire au dessus de l'eau, s'en approchent, et prennent les sardines que le gros poisson n'a point encore fait entrer dans sa gueule; et il ne les punit point de ce vol fait à sa voracité.

Il est dans ces mers des poissons qui jettent une matière noire, avec laquelle ils aveuglent les autres poissons; et quand ils les ont aveuglés, ils les conduisent dans des rochers, où ils les gardent pour s'en nourrir. Quand on peut découvrir un de ces rochers, on fait une prise très-importante.

Une pêche fort productive, mais dévastatrice, consiste à conduire deux barques sur les rives opposées d'une rivière, et à tirer une longue corde placée au fond de l'eau, et à laquelle sont attachés des hameçons, tous les poissons qui sont au fonds de l'eau et s'y reposent sur le limon, sont accrochés et enlevés. Cette forme de pêche donne une grande quantité de poissons; mais elle les effraye et les fait déserter les rivières; aussi les autres pêcheurs qui ne la pratiquent pas s'y opposent, et forcent ceux qui veulent en faire usage à se cantonner dans une partie de ces rivières.

Nous avons vu qu'il est des parties de côtes, qui ne sont ni terre ni eau, mais un amas de boue, excrément du grand fleuve du Tunkin, ou l'on ne peut naviguer faute d'eau, ni marcher faute de solidité; l'industrie a imaginé d'y établir des pêcheries, et pour cet effet, on se transporte sur ce terrain liquide au moyen d'une planche, sur laquelle est établit un siège bas, sur lequel on s'asseoit, une jambe croisée sous soi; l'autre plongée dans la boue sert de rame; et par cette sorte de navigation qui a son art, on se transporte avec plus de vîtesse que n'en peut avoir un bon marcheur. A la distance d'environ une lieue, on fiche dans la boue des roseaux qui s'y tiennent, et à la retraite de la mer, le poisson s'y trouve pris; il est des villages dont les habitans sont uniquement occupés à cette pêche; et chaque village a sa pêcherie séparée avec des sous-divisions pour chaque habitant.

Sur la surface des eaux le pêcheur distingue les œufs de poisson qui y surnagent, les prend avec une gaze légère, et les porte dans de petits étangs, ou dans son vivier, car il est peu de maisons qui n'en ait; là il les fait éclore, et ensuite il les porte dans les villages voisins pour les y vendre; un homme dans deux chaudrons pleins d'eau peut porter jusqu'à cent cinquante mille de ces petits poissons, et quelques petits qu'ils soient, il en distingue très-bien l'espèce.

On remarque encore beaucoup d'industrie dans le choix des substances dont sont composés les filets, dans leurs formes, et dans la manière de s'en servir; il est une espèce de grande ortie avec laquelle on fait du fil, et des cordes très-solides et particulièrement bonnes pour les filets; la soie sert à en faire à très-petites maille, ce sont ceux qui servent à prendre les sardines, et une espèce de chevrette ou écrevisse qui n'est guère plus grosse qu'une grosse épingle; on a aussi des nasses, des palissades, des trébuchets, des pièges et autres espèces de machines faites avec du bambou de diverses espèces et grosseurs, depuis celle du petit doigt jusqu'à celle du corps de l'homme; la forme de ces machines varie encore dans chaque province, dans les divers lieux de la pêche, dans les diverses saisons, même dans les divers quartiers de la lune.

Outre les poissons on pêche des écailles dont on fait de belles boîtes et de la nacre de perle; on a même trouvé sur les côtes quelques perles; mais on prétend que les pêcheurs se sont interdits cette espèce de pêche, de peur que le gouvernement ne les y assujétit, et ne s'emparât d'une partie de leur pêche.

(3) Ce peuple si habile dans l'art de la pêche, l'est bien peu dans l'art de la navigation, qui pourtant est un art concomitant, et auquel ils est appelé par la situation de ce pays, une grande partie des terres couverte d'eau, une grande étendue de côtes formée par un golphe très-profond, un fleuve dont la source remonte jusqu'en Chine, un autre fleuve que les plus gros vaisseaux peuvent remonter à une grande distance de son embouchure, une rade estimée une des plus belles qu'on puisse trouver sur le globe. Quoique la navigation soit la profession d'une grande partie des habitans, qu'environ un dixième de la population, naisse, vive et meure sur l'eau, et par une existence à part y forme des communes aquatiques, les petits moyens de navigation sont les seuls mis en œuvre, les grands moyens ou ne sont pas connus, ou sont négligés.

Cependant il est dans leur manière de naviguer des singularités qui méritent d'être observées, et dont quelques-uns ne sont ni sans industrie, ni sans utilité.

Le rameurs sont tournés vers le point vers lequel ils se dirigent; ils sont debout, et par ce moyen pèsent sur leurs rames de toute la hauteur de leurs corps; cette situation est plus pénible que celle des rameurs assis, qui d'ailleurs ayant leurs pieds adhérens à un point fixe, forment de leurs corps un levier qui ajoute à la force de leurs bras. Cependant toute compensation faite des avantages et des désavantages de ces méthodes, on assure que les rameurs Tunkinois passeraient les Européens à une course de barques, et qu'ils soutiennent plus long-temps la fatigue, soit qu'ils manœuvrent mieux la rame, soit que la position de leur corps leur permettant d'avoir de plus longues rames, ils produisent un plus grand effet, soit quelque autre cause qu'on n'est pas en état d'assigner.

Ces rameurs sont dans l'habitude d'être dirigés par le chant de l'un d'eux, ce qui donne de l'ensemble à leur action ; et un son correspondant émané de chacun d'eux à la fin de la cadence, la marque, signale le coup de rame, et forme un genre de musique assez agréable.

L'usage de ce chant leur est commun avec presque tous les navigateurs des mers orientales, Chinois, Malais, Siamois ; il paraît même que cette mode existait parmi les anciens Grecs ; et on en trouve des indices dans des pièces d'Aristophane. Il faut en effet que le son par la vibration des nerfs donne au corps de l'énergie, car on a observé que les soldats soutiennent mieux une longue marche quand ils marchent au son du tambour ou de la trompette, que les danseurs ont plus d'élasticité quand ils sont électrisés par des instrumens, et que les bouviers par leurs chants soutiennent les animaux dans leurs travaux.

Des pêcheurs vont en mer jusqu'à cinq ou six lieues de distance sur un petit radeau formé de morceaux de bambou de cinq à six pieds de long; il n'y a sur ce radeau qu'un homme qui est tout nud excepté une ceinture au milieu du corps, et tout son approvisionnement est contenu dans un pot, qui, bouché hermétiquement, renferme sa nourriture, et est attaché au bateau; il arrive souvent que le radeau, qui va à la voile et à la rame, est renversé par la vague; mais le pêcheur, jeté à la mer se tient attaché à son radeau, et y remonte; et dans cette forme de navigation il périt moins d'hommes que dans les barques.

La sagacité des navigateurs dans la prévoyance des grandes tempêtes et des typhons est surprenante; ils les pressentent douze, quinze et même vingt-quatre heures avant qu'ils surviennent; et on est étonné au milieu d'un temps calme, et sans qu'il soufle encore aucun vent, de voir une multitude de navires et de barques se rendre soit de l'intérieur des fleuves, soit de la mer, dans des anses où ils sont à l'abri du gros temps; et le plus communément les naufrages ne sont causés que par des bourasques qui ne durent que quelques minutes.

Il a été un temps où les Chinois et plusieurs peuples de la presqu'île de l'Inde, singulièrement les Cochinchinois avaient une navigation assez active, quoiqu'ils s'éloignassent peu de la côte; mais lorsque les Européens eurent doublé le cap de Malaca, ils se crurent en droit de prendre dans les mers de Chine tous les navires Chinois, Japonois, Siamois, Malais, Tunkinois, Cochinchinois, et tout ce qui n'était pas Européen. Les Portugais, les Espagnols, les Hollandais donnèrent de ces brigandages un exemple que suivirent les Anglais, lorsque sous la Reine Elisabeth ils pénétrèrent dans ces mers. La navigation asiatique y fut presque entièrement détruite, et quoique rétablie aujourd'hui, elle est restreinte à une sphère assez étroite; celle des Tunkinois se borne au cabotage de leurs côtes, et celle des Cochinchinois, quoiqu'un peu moins circonscrite n'est pas fort étendue; ils ne peuvent se hasarder dans des voyages de long cours, parce qu'étant fort ignorans en géographie et en astronomie, ils ne peuvent perdre long-temps la côte de vue, qu'ils ne savent point prendre hauteur, et que quoiqu'ils connaissent depuis long-temps la tendance de l'aiguille aimentée vers le nord, sans toutefois en connaître les déclinaisons, ils n'ont point fait usage de la notion de cette tendance pour se diriger sur mer.

Tandis que d'immenses forêts peuvent fournir pour les bâtimens de mer les plus beaux bois de construction, le défaut de rivières navigables et de canaux en fait perdre une partie, le défaut d'art empêche d'en tirer tout le parti dont ils sont susceptibles, le défaut de capitaux s'oppose à la construction de grands et solides bâtimens; mais on excelle dans la construction des barques destinées au transport des voyageurs sur les cours d'eau, et sur les plaines inondées; ces barques formées de bambou, artistement tissues, agréablement vernisées peuvent contenir douze à quinze personnes, et sont pourtant si légères, que loisque pour éviter les détours, on veut passer ou d'un fleuve, ou d'un canal, ou d'une plaine inondée à une autre, un seul homme peut porter la barque sur sa tête; une simple perche suffit pour la faire marcher avec rapidité, et quand le fond ne peut être atteint, cette perche tient lieu de deux rames.

Pour le transport des marchandises, soit par une navigation intérieure, soit par une navigation sur les côtes, les barques doivent être plus grandes, et avoir plus de consistance; mais la pauvreté de plusieurs des navigateurs les obligeant à les construire de bambou comme celles destinées aux voyageurs, elles ne peuvent résister à la percussion des corps solides et sont exposées à être facilement percées; la partie supérieure de la barque pour la rendre propre à supporter le poids des marchandises est munie de planches d'un bois plus solide; mais cette fortification ne lui donne pas une grande consistence, et n'en prolonge pas la durée, au delà de l'année.

Dans la construction des navires destinés à la navigation maritime, il est une méthode particulière à ce pays; les planches dont ces barques sont composées, sont attachées les unes aux autres par du rotin au lieu de clous, et ce genre de lien rendant le bâtiment plus flexible, le rend plus propre à résister au coup de mer.

Les grosses barques outre leur gouvernail habituel, en ont un de rechange d'une forme particulière. Le gouvernail ordinaire est court et placé presque perpendiculairement; l'extraordinaire est plus long, et placé plus horizontalement: on le substitue à l'autre quand le vent est fort, ce qui accélère la marche; dans les gros temps on fait usage de l'un et de l'autre tout à la fois.

Les navires pour le cabotage sont moins grands que les sommes Chinoises, mais en ont la forme antique; et la défectuosité de leur coupe en retarde la marche.

Depuis quelque temps quelques Tunkinois ont adopté une partition des bâtimens de mer inventée par les Chinois, et qui consiste à y former des séparations où sont renfermées les portions de la cargaison appartenantes à divers propriétaires; ces séparations sont faites par des planches attachées au bâtiment, et calfatées de manière à ne point laisser pénétrer l'eau; d'où il résulte que quand le navire touche et reçoit un coup, il se désorganise moins promptement, et s'il survient une voie d'eau, il est plus facile de reconnaître d'où elle provient.

Les bâtimens de guerre sont de deux espèces, galères et vaisseaux. Les galères sont de 50 à 80 pieds de longueur, construites de planches aussi longues que le bâtiment: ces galères ont deux rangs de rames, et portent 15 à 20 pièces de canon, de 6 à 12 livres de balles.

Les vaisseaux sont plus grands, mieux coupés, mieux construits que les vaisseaux Chinois; il y a été fait, depuis quelques années, une réforme avantageuse; la méthode européenne a été adoptée pour la construction des bâtimens, mais la mâture et la voilure sont restées fort imparfaites, il est beaucoup de mâts qui ne sont composés que d'un seul arbre, ce qui les rend beaucoup moins solides que quand ils ont des compartimens; les hunes ne sont point en usage, ce qui met un grand obstacle à la manœuvre; des vergues sont attachées aux mâts, mais seulement par leurs extrémités et non par le milieu. Les voiles sont disposées assez artistement pour pincer le vent; mais comme elles sont composées de feuilles ou autre matière moins forte que le chanvre, elles ne résistent pas autant au coup de vent; lorsqu'elles ont été impregnées de l'eau de la pluie, il faut y jetter de l'eau de mer; et de quelque manière qu'elles aient été mouillées, si elles ne sont pas sechées dans l'espace d'environ vingt-quatre heures, elles se décomposent.

Le doublement en cuivre et les autres perfectionnemens de la bâtisse moderne des vaisseaux sont connus par l'inspection des bâtimens Européens, mais n'ont point encore été mis en pratique.

CHAPITRE X.

Arts et Manufactures.

(1) L'état des arts est dans chaque pays gradué par la rectitude et la précision de l'action de la main-d'œuvre, par le concours et la combinaison de divers genres de procédés, par l'association du travail des animaux au travail de l'homme, par la substitution de l'action d'êtres inanimés à l'action d'êtres animés, et par la savante organisation de ces machines, enfin par l'empire que l'homme prend sur les élémens, et la puissance prodigieuse qu'il acquiert par leur intervention. Ces arts qui suivent l'agriculture et la pêche et les servent, qui perfectionnent les dons de la nature, et les adaptent à nos besoins et à nos jouis-

sances, et qui dirigés et fécondés par les sciences, en favorisent les progrès en leur fournissant des instrumens; ces arts originaires de l'Asie y sont aujourd'hui fort inférieurs à ce qu'ils sont en Europe; et le Tunkin non-seulement participe au sort de la partie du monde où il est situé, mais n'en est pas le peuple le plus avancé dans cette carrière. Dans tous les grands usages, et toutes les grandes réformes de la nature, il est encore novice; il ne sait point profiter du cours de l'air, et n'a point de moulin à vent; il ne sait point accroître l'action du feu en concentrant la chaleur, ne fait point usage de fours, et n'a pas même idée de la pompe à feu, le plus puissant des agens que l'homme puisse employer; cependant il tire parti des cours d'eau, et par ce moyen construit des moulins qui, pour l'irrigation des terres, élèvent l'eau jusqu'à une hauteur de quarante ou cinquante pieds; il construit aussi des digues et des ponts, mais qui, comme nous l'avons vu, manquent à presque toutes les règles de l'art; il moud ou écosse les grains par des moulins à bras différemment formés pour l'une ou l'autre de ces opérations, ou pour les diverses espèces de grains. Pour le riz, les meules sont de bois, et ne sont point un planisphère, mais un assemblage de petits bouts de bois de bambou, de la longueur d'un pied, et de la grosseur du petit doigt, fortement liés ensemble; ces meules sont placées horizontalement l'une sur l'autre, et le riz est inséré entre deux ; ensuite pour le dégager entièrement de son écosse, et le blanchir, il est pilé dans un mortier. Pour d'autres genres de moutures, les moulins sont composés de diverses espèces de bois, et les meules sont en pierres.

(2) Des arts en usage chez les nations industrieuses, il en est plusieurs que le Tunkinois ignore, plusieurs qu'il exerce avec peu d'habileté, plusieurs cependant dans lesquels il réussit et même excelle. En général, par un effet du caractère national qui se manifeste sous tous les rapports, il montre moins d'imagination que de sagacité et d'adresse ; il est plus porté à l'imitation qu'à l'invention, et quand il a un modèle il l'exécute avec succès.

Ordinairement chaque famille pourvoit par elle-même à ses besoins habituels, et il n'y a ni boulanger, ni rôtisseur, ni peruquier, ni autres ouvriers particulièrement attachés à des opérations vulgaires du ménage, qui n'exigent pas un grand art, quand on n'y porte pas une recherche de luxe ou de volupté ; et ce régime domestique peut être réputé sage.

Les instrumens qu'ils emploient sont presque tous trop simples, sans force et sans justesse, mais ils s'en servent avec une dextérité supérieure, et telle que quelquefois ils opèrent aussi vîte, et aussi juste que les ouvriers européens avec les meilleurs instrumens.

Dans les ouvrages de la main qui n'exigent que de la dextérité, ils approchent du fini et de la délicatesse de la main-d'œuvre chinoise, toutefois sans l'égaler; et dans ce genre les meilleurs ouvriers du Tunkin sont des Chinois qui s'y sont établis.

(3) La plupart de leurs ouvrages se ressentent de la défectuosité des substances qui y sont employées.

Avec des écorces ou des feuilles d'arbres, avec des lanières de bambou, avec des pieds d'ananas qui sont réduits en filasse, on fait des cordages pour les navires, mais qui n'ont ni la force ni la solidité de ceux faits avec le chanvre. Les voiles sont faites avec les feuilles d'un arbre d'une espèce particulière, qui vient dans la Cochinchine; ce sont des feuilles très-fortes qu'on réduit en filamens et qu'on tisse: ces voiles ne sont pas mauvaises, mais nous avons vu qu'elles ne résistent pas à la pluie, et que si, apres avoir été mouillées, elles ne sont pas sechées dans les vingt-quatre heures, elles se décomposent.

On fait du papier avec de l'écorce d'une certaine espèce d'arbre, et même avec la substance de toute espèce d'arbres tendres et ayant de la moëlle; on divise en petites parties leurs rejetons de l'année, on les fait rouir; puis après les avoir fait secher, et les avoir couverts de chaux, on les fait bouillir, on les réduit en pâte; on y joint une colle formée d'ingrédiens tirés de quelques arbustes, on étend cette substance sur des moules formés avec des fils d'acier très-fins, et on lui donne son perfectionnement en les trempant dans de l'eau d'alun ; ce papier a plus de corps que celui de la Chine, et est plus propre à l'écriture, mais ne vaut pas celui d'Europe.

De la graisse et du noir de fumée ils forment de l'encre qui ressemble a celle de Chine, mais qui lui est inférieure.

Au lieu de plume on se sert pour écrire de pinceaux faits de poils de chat très-fins.

Avec de la resine qu'on tire d'un arbre qui tient de l'arbre à suif, et qu'on mêle avec de la terre, on fait des chandelles; et cette terre avec une certaine préparation sert de mêche.

(4) Les ouvrages qui ne sont pas défectueux par leur substance, souvent le sont par l'impéritie des ouvriers. On fond les métaux fort imparfaitement; le fer est le métal qu'on travaille le mieux, sans toutefois que cette taillanderie égale celle d'Allemagne; encore moins celle d'Angleterre.

On fait des vases d'or et d'argent, mais dont la forme est loin de l'élégance de l'orfèvrerie française ; on réussit mieux à appliquer l'or, que le fabriquer.

Les fourbisseurs sont assez médiocres, et ne travaillent que pour le compte du gouvernement.

On fond des fusils et des canons, mais d'une

espèce un peu défectueuse : aujourd'hui presque toute l'armée de l'empire est pourvue d'armes à feu fabriquées en Europe.

Quoique le salpêtre soit de bonne qualité, on ne sait pas en faire une poudre qui ait une forte explosion, mais on s'en sert avec le plus grand succès, pour les feux d'artifice.

Pour la bâtisse, on mêle de la mélasse avec la chaux, et cette substance sucrée lui donne une meilleure qualité.

Avec de la cendre tirée de certain bois qui se trouve dans les montagnes, on fabrique de la fayance blanche qui acquiert presque la dureté de la pierre, mais on ne fabrique point de porcelaine quoiqu'on en ait la matière première.

Il est deux villages, où on excelle à faire des jarres très-minces, et cependant très-solides ; il y en a de toute grandeur, et quelques-unes d'une telle dimension, qu'elles peuvent contenir jusqu'à mille bouteilles.

On vernisse assez bien, mais non sans danger. L'évaporation du vernis, avant qu'il soit sec, est très-malsaine, fait enfler tout le corps, et déchire la peau, surtout celle du visage, à moins qu'on ne prenne de grandes précautions pour éviter cet accident, ou que, par des remèdes prompts, on n'en arrête les suites.

On tanne assez mal le cuir, et on en tanne très-peu, d'autant que la plus grande partie est cuite et mangée.

On ne travaille point mal le bois ; la qualité en est excellente, et les charpentiers, les menuisiers, les tourneurs ne sont point de mauvais ouvriers quoique inférieurs à ceux d'Europe.

La fabrique dans laquelle on réussit le mieux est celle des étoffes ; elle est livrée exclusivement aux femmes, les mains des hommes étant réservées pour les ouvrages qui exigent de la force ; sage régime que l'Europe devrait imiter. C'est dans ce pays que se fabriquent les plus belles étoffes de coton ; celles d'une grande finesse ne sont travaillées, et le coton n'en est filé que la nuit, parce qu'une température humide favorise la perfection du travail ; on n'a point encore introduit dans ce pays aucune de ces merveilleuses opérations méchaniques qui ont en Europe abrégé ce travail ; on ne file encore qu'au rouet, et ce rouet n'a qu'une bobine ; mais la lenteur de l'opération est compensée par la perfection. Les toiles de coton du Tunkin, supérieures à celles de la Cochinchine, sont d'une telle finesse, d'une telle beauté, qu'on les préfère aux plus belles étoffes de soie, et qu'on les paye à un plus haut prix ; mais on ne sait point mettre ces toiles en couleur.

Dans le *Lac-Tho* la principale et presque la seule manufacture est celle de coton, et elle y est bien moins fine que celle du Tunkin et de la Cochinchine. Les filles qui seules se livrent à cette fabrique ne vendent point leurs ouvrages ; elles les conservent comme une augmentation de leur dot, et les réservent pour le vêtement de leurs futurs époux, et de leurs enfans.

Il est une écorce d'arbre avec laquelle on fabrique des étoffes très-légères, et par cette raison très-recherchées dans les grandes chaleurs.

La fabrique des étoffes de soie est dans le Tunkin et dans la Cochinchine, d'une excellente qualité et supérieure à ce qu'elle est en Chine; les satins du Tunkin, les taffetas de la Cochinchine sont beaux, forts et de longue durée, mais toutes les étoffes sont unies, on ne sait ni tracer ni nuancer des fleurs qui soient d'une autre couleur que le fond de l'étoffe.

On fabrique aussi des étoffes de soie dans le Laos, mais elles sont assez mal tissues.

On ne fabrique point de velours de soie; et il n'est qu'un village où est établie une manufacture de velours de coton.

Comme personne ne porte de bas, pas même l'empereur, il est superflu d'observer qu'il n'y en a point de manufacture.

La teinture qui est l'écueil des manufactures européennes qui ne sont pas du premier rang, est médiocre dans la Cochinchine, mais très-bonne dans le Tunkin et surtout dans le Laos.

(5) On manque de savon pour le blanchissage; mais on y supplée par l'écorce de quelques

arbres, et le jus de quelques citrons peu connus en Europe.

On ne fait point de toiles de chanvre ni de lin.

On ne connaît point la vitrification du sable; il n'y a ni horloges ni montres que celles qu'on apporte d'Europe. La mesure ordinaire du temps ne consiste que dans des horloges d'eau, mesure encore plus fautive que les sabliers : chez les gens riches ces horloges ne sont que des boules de cuivre percées d'un petit trou; on les met dans des bassins pleins d'eau; quand, par la filtration de cette eau, la boule est remplie, elle tombe au fond, ce qui indique le complement de l'heure.

Dans cet exposé des arts et des manufactures, le Tsiampa ne trouve point de place, parce que les habitans de ce pays sont des sauvages étrangers à tout genre d'industrie.

(6) Il est assez ordinaire que tout un village se donne à une même profession; et cet usage pourrait être utile au perfectionnement des arts, par le rapprochement et la comparaison des procédés, s'il ne se trouvait de grands obstacles à ce perfectionnement dans l'absurde et tirannique administration du gouvernement qui, dès qu'un artisan excelle dans sa profession, le met en réquisition et l'oblige à travailler gratuitement pendant un certain temps pour le service de l'empereur, ou du gouverneur de la province, ou même de quel-

que mandarin. Il y a quelques années, des Chinois experts dans la manufacture de la porcelaine, étant venus s'établir au Tunkin, et y ayant professé leur art, on a exigé d'eux tant de porcelaines en présent ou tribut, que leur manufacture n'a pu se soutenir, et ils sont retournés dans leur patrie.

CHAPITRE XI.

Des Beaux Arts.

Quelque soit la diversité des goûts dans les beaux arts, quoique ce qui plaît à un peuple ne plaise point un autre; ces arts ont des règles fixes tenant à leur nature, et indépendantes de l'opinion; il est pour leurs œuvres un type essentiel de rectitude, qui consiste dans l'homogénéité, la juste proportion, l'ensemble des parties qui composent un tout; il est un beau idéal résultant du rapport de la conformation des objets présentés à la perception, avec la conformation des organes qui reçoivent ces perceptions ; et une preuve évidente de l'existence de ces principes primitifs, élémentaires, inaltérables, est que les animaux qui ne sont mus que par la nature, et ne sont dirigés que par les lois de leur organisation, suivent constamment ces principes dans le jugement qu'ils portent sur les impressions qu'ils sont susceptibles de recevoir par l'action des beaux arts *.

Comme le climat, le régime, le genre des travaux, des occupations, des plaisirs, modifient nos organes ; comme ces organes s'altèrent par le genre et la fréquence des impressions qu'ils reçoivent ; comme de l'habitude des sensations naissent disposition et affection pour des sensations habituelles, inaptitude et répugnance pour des sensations insolites, la diversité des goûts est conforme dans sa divergence à un vœu constant de la nature, dont l'action varie suivant les êtres sur lesquels elle est dirigée ; en sorte qu'il y a conformité dans la variété. Les écarts du beau essentiel et idéal sont presque inévitables dans le nord et dans le midi, chez des peuples féroces, indigens, corrompus. Le pays tempéré dont l'ha-

---

* Lorsque leur ouïe est frappée par des sons faux et discordans, ils témoignent avec la plus grande justesse leur improbation, et la déplaisance douloureuse de la sensation qu'ils éprouvent.

bitant jouit d'un sort tranquille vit dans l'aisance, cultive son esprit, est le territoire du bon goût ; et dans la présence ou l'absence de ces faits, leur force ou leur faiblesse, on peut découvrir les causes de l'état des beaux arts dans le Tunkin, de la disposition des habitans à y réussir, des obstacles qui s'y opposent.

MUSIQUE.

(2) Le Tunkinois a l'oreille singulièrement juste, et le moindre son faux excite en lui la plus grande déplaisance. Lorsque dans quelque fête publique les gens du peuple rassemblés marquent leur joie par des chants, si l'un d'eux a la voix fausse, on s'en aperçoit sur-le-champ, et on le fait taire. Cependant leur musique mérite à peine le nom d'art : l'harmonie et la mélodie se bornent presque à la justesse des sons. Quelquefois le chant est un peu rude, quelquefois mélancholique, moins traînant pourtant que celui des Chinois ; la cadence y est plus vive, et mieux marquée.

La musique vocale n'est point accompagnée par l'instrumentale, mais intercallée avec elle, excepté l'usage d'une petite mandoline n'ayant qu'une seule corde que pince le chanteur, et dont il raccorde les sons avec celui de sa voix. La musique instrumentale est dans une grande imperfection, surtout par la défectuosité de la plupart des instrumens; par exemple, le violon n'a qu'une corde; les autres instrumens principaux sont le fifre, le haut-bois, une espèce de flûte traversière, la cymbale, deux morceaux de bois que l'on frappe l'un contre l'autre, le tambour de basque, un grand tambour qu'on peut comparer à nos timbales, il est porté sur les épaules de deux hommes, et un troisième frappe dessus; mais cet instrument est moins musical, que destiné à appeler à quelque service public, ou à faire honneur à un mandarin en voyage, et avertir de son passage.

Les airs doux et harmonieux de l'Europe n'ont point de succès dans le Tunkin; plus la musique fait de bruit plus elle plaît, préférence qui est la preuve * de son imperfection; et il y a, quant à présent, peu d'apparence que cette musique se perfectionne, d'autant qu'elle n'est point écrite, et n'est sujette à aucune méthode; chaque chanteur ou joueur d'instrument ne suit que son idée et son goût, même ne se prépare point, et suit l'inspiration du moment.

* Les anciens Indous admettaient une recherche dans la musique dont les Tunkinois sont bien éloignés. Ils distinguaient 36 genres de mélodie, dont chaque genre était applicable à une saison, au jour ou à la nuit, aux diverses heures du jour ou de la nuit, à la température, à diverses situations,

DÉCLAMATION.

(3) La déclamation, exaltation de la voix, intermédiaire entre le chant et la simple élocution, doit être comptée parmi les beaux arts, comme moyen de vivifier l'expression par des intonations plus fortes, plus mélodieuses, et auxquelles sont joints des gestes qui parlent à la vue, ensorte que l'âme reçoit une double commotion; l'élocution Tunkinoise par la graduation de ses intonations est une déclamation ébauchée et imparfaite, mais c'est à-peu-près là que l'art est resté, et il est peu d'occasions de l'exercer.

Dans les tribunaux, il n'est point de profession destinée à la discussion des droits, et à la défense des accusés; et les parties citées en jugement doivent s'y expliquer par elles-même avec une grande simplicité ; toute déclamation paraîtrait un art qui décélerait le désir de séduire et de tromper.

Dans les temples on parle aux dieux par la prière, plus qu'on ne parle en leur nom ; cependant quelquefois on prêche ; mais les prédicateurs s'abstiennent de donner à leur voix des inflexions trop marquées, plus encore de les accompagner d'aucun geste; ces formes, cet art dans l'énonciation de la doctrine sacrée paraîtraient une indécence, et une profanation. Le mérite unique des prédicateurs dans le débit de leurs sermons consiste dans un air de recueillement et de respect pour les vérités qu'ils annoncent, dans une voix sonore et onctueuse, une prononciation claire et ferme qui donne de l'énergie à la parole.

Les Tunkinois ont la prétention d'avoir les meilleurs acteurs de l'Inde. Cependant, quels que soient leurs talens, l'usage qu'ils en font n'est pas bien réglé ; car souvent ils chantent ce qui par la déclamation aurait plus d'énergie et de vérité, et dans les pièces comiques la gesticulation est plus grotesque qu'agréable.

PEINTURE, GRAVURE, SCULPTURE.

(4) Le dessin, âme de la peinture, sans laquelle elle ne peut être qu'une fausse effigie de la nature, et une vaine enluminure, ne dirige point les pinceaux Tunkinois ; on n'a aucune idée de l'optique, et on peint tous les objets comme s'ils étaient isolés, sans leur donner la proportion dans laquelle les font paraître les distances. Tous les tableaux manquent d'ordonnance et d'ensemble, les figures n'ont ni correction ni élégance, ni âme, le coloris est assez vif mais sans nuances ; on ne fait point usage des ombres, encore moins du clair obscur ; ainsi aucune apparence de réalité, et jamais d'illusion. Les détails sont représentés avec une grande exactitude et

travaillés avec une patience surprenante ; mais ce mérite d'exécution est bien faible, quand on manque aux principes de l'art.

La partie de la peinture, de l'utilité la plus réelle, la levée des plans est absolument ignorée; et peut-être il n'est pas dans ce pays un homme en état de tracer avec exactitude l'étendue, la direction, les sinuosités des plaines, des montagnes, des côtes.

Dans les ouvrages d'agrément, dans les meubles, le goût est suppléé par la magnificence, et on ne sent point le prix d'une élégante simplicité.

La gravure en estampes est un art inconnu. On n'employe la gravure que pour les cachets.

De tous les états de l'empereur, il n'est qu'une province où on sculpte en pierre *, parce qu'il s'y trouve de la pierre dure qui approche de la qualité du marbre ; et dans cette province quelques familles se sont adonnées à cet art, et représentent assez bien les animaux, mais fort mal la figure humaine. Dans les autres provinces on travaille assez bien en bois ; on le ciscle, on le sculpte avec dextérité ; et il est des bois très-durs, et qui sont très-propres à la sculpture ; mais quoique le pays offre des animaux de la plus belle espèce, on donne la préférence à l'effigie

* Celle de Xû-thanh.

d'animaux difformes, fabuleux, souvent monstrueux et auxquels l'imagination attribue quelques caractères superstitieux.

DANSE.

La danse, genre de plaisir qui a un grand attrait pour presque tous les peuples, ne peut être comptée parmi les beaux arts, que chez les peuples civilisés ; et les Français croyent en posséder seuls les vrais principes. Suivant eux la danse est pour l'action du corps ce que le chant est pour la parole, une exaltation d'expression dirigée par les grâces ; c'est un accômpagnement de la musique, elle en suit l'impression ; et le danseur semble être mu par les instrumens. L'objet de la danse est le même que celui de la peinture, de la sculpture, de la gravure; si elle ne peut, comme ces arts, stabiliser son expression, tandis qu'ils ne peuvent représenter que la nature en repos, elle en peint l'action ; c'est un tableau mouvant qui donne l'effigie des passions à chaque instant de leur révolution. On en a fait un roman, un poëme, un drame qui a exposition, intrigue, scenes, dénouement.*

* C'est ainsi que Marcel, fameux professeur de la danse française, voyait le menuet, les danses figurées, les ballets ; parce qu'il y apercevait toute l'expression qui peut leur être donnée.

La danse Tunkinoise, quoique loin de cette perfection, en approche plus que celle des peuples sauvages, qui presque toujours consiste en des mouvemens forcés, et des sauts désordonnés ; elle n'est point comme chez quelques peuples du nord de l'Amérique, l'image violente de la guerre et des combats ; elle n'est point comme chez plusieurs peuples Africains, une représentation lubrique de la conjonction des sexes ; l'action en est modérée, et décente, et même n'est pas sans quelques grâces ; cependant elle a un caractère bisarre, en ce qu'elle admet encore plus le mouvement des bras que celui des jambes et des pieds ; l'art consiste moins à s'élever de terre à une grande hauteur, et à donner au corps des attitudes agréables, qu'à conserver la tête droite, dans un juste équilibre, et presque immobile durant le mouvement des autres parties du corps.

Un des chefs-d'œuvre de cette danse est de porter sur la tête une lampe allumée dans un vase plein d'huile, sans en rien répandre, et sans que la lumière reçoive altération. Cette danse a encore un autre défaut inexcusable, en ce qu'elle est livrée exclusivement aux hommes ou aux femmes, mais séparément ; et faute de représenter les relations des sexes, et d'offrir un contraste des grâces appartenantes à chacun d'eux, cette danse est dépourvue de son plus grand agrément, et manque d'intention.

Dans ce pays, danser est une profession; on ne danse que dans un spectacle, c'est la représentation d'un tour de force, de souplesse, d'adresse, de grâce; mais on ne danse point pour son plaisir; il n'y a point de bals de société, la danse européenne surtout celle où on saute et où on s'élève en l'air, paraît un mouvement du corps sans objet, un effort ridicule et insensé.

ARCHITECTURE.

On ne manque point de matériaux propres à la bâtisse, de belles pierres ayant presque la solidité et le poli du marbre, de la terre propre à faire de bonne brique, et surtout des bois de la plus grande beauté. La nation est industrieuse et singulierement adroite; cependant l'architecture est fort défectueuse; on en ignore les principes; et d'ailleurs la nature et des réglemens de police mettent de grands obstacles à une construction de bâtimens réguliere, agréable, majestueuse. Dans plusieurs cantons l'humidité exige de laisser entre le rez-de-chaussée et le sol un intervalle; le peuple n'a point la permission de bâtir ses maisons en pierre ni à plusieurs étages; et pour les grands édifices, les pagodes et les palais, on les construit souvent en bois, afin que ployant sous l'impulsion des ouragans, ils soient plus à l'abri de la destruction, et puissent plus aisément être étayés. Plusieurs de ces grands édifices n'ont que leurs murs principaux en pierres ou en briques, le reste est en bois. Irréguliers quoiqu'avec quelque symétrie, ils offrent l'aspect d'une masse de bâtimens vastes et informes, qui cependant, dans leur désordre, ont quelque caractère de majesté, et indiquent la grandeur du maître auquel ils appartiennent.

Les villes où se trouvent les plus beaux bâtimens sont celles de *Bac-Kin*, capitale du Tunkin, et de *Phu-xuam*, capitale de la Cochinchine; cette dernière où l'empereur fait sa résidence n'est qu'une forteresse où sont établis le prince, sa famille et sa garde. Lee courtisans et le peuple habitent les faubourgs; le palais de l'empereur dans cette ville, est le plus bel édifice qu'on connaisse dans ses états, depuis que le palais des rois du Tunkin à *Bac-kinh* à été dévasté, et en partie détruit pendant les guerres civiles; cependant ses ruines offrent encore des vestiges d'une grande magnificence. Ce palais qui comprenait de nombreux et grands bâtimens et d'immenses jardins, avait une enceinte de deux ou trois lieues, fermée de murailles, et où étaient quatre portes, dont chacune correspondait à un des points cardinaux, et en portait le nom.

On ne parvenait à l'intérieur du palais qu'en traversant plusieurs cours, dans les unes étaient les casernes pour les gardes, dans les autres étaient des écuries pour les éléphans et les chevaux ; le corps de logis était un bâtiment quarré, forme qui est une distinction de l'habitation du souverain; on ne parvenait au vestibule que par des degrés de marbre. L'édifice était élevé de deux étages, les salles vastes, une grande quantité de colonnes, une grande profusion d'or ; mais ces ornemens bisarres et lourds, la sculpture sans agrément, les figures représentées maussades, l'or placé sans ménagement de ses effets. Les seuls ornemens qui méritassent quelque éloge étaient des colonnes de bois de fer, bois dur, compact, d'un brun foncé, réputé d'autant plus beau qu'il tire plus sur le noir, et a, comme le marbre, des veines, qu'on fait ressortir en les frottant avec des feuilles sèches de bananier; ce qui donne un poli, un luisant, un brillant qui a l'effet du plus beau vernis, et égale presque l'éclat du verre ; ces colonnes en réfléchissant et en répercutant la lumière, donnent une idée de ces palais de cristal et de diamans, que dépeignent les fables ; mais elles sont colossales sans être proportionnées ; celles placées aux portes du palais sont quelquefois de quarante pieds de haut, et leur circonférence est à la base de cinq pieds, et diminue rapidement à mesure que la colonne s'élève; il n'y a point de pied-destal, la colonne pose sur une pierre quarrée, enfoncée en terre, et saillante seulement d'un ou deux pouces; et elle manque de chapiteau.

Après les palais de l'empereur les plus beaux édifices sont les pagodes, et celles du Tunkin sont plus grandes et plus magnifiques que celles de la Cochinchine. Quelques voyageurs se sont trompés dans l'idée mesquine qu'ils en ont donnée, parcequ'ils ont pris des dépôts *d'ex voto* pour des temples. Une distribution des appartemens, qui en rende l'habitation commode est inconnue; on se borne à construire des chambres spacieuses; ce qu'on entend le mieux est la pratique d'ouvertures, qui dans les chaleurs donnent circulation et passage à l'air, et qui dans les temps d'ouragans peuvent être facilement et exactement closes.

Dans les grands et utiles ouvrages de l'architecture, qui sortent de la classe des beaux arts, la mer contenue ou repoussée, des ports creusés, le lit des fleuves approfondi, leur direction redressée, des excavations d'une très-grande profondeur, des chemins ouverts sous terre, une coupe de pierres dont la combinaison dispense de leur donner d'áutre appui qu'elles-même, tant d'autres monumens, qui plus ou moins admirables, plus ou moins importans prouvent le génie et la puissance de l'homme, les Tunkinois sont encore loin de la science et de l'industrie europécnne. Leurs ponts sont de bois munis dans toute leur longueur de grands bancs, et couverts dans toute leur largeur de toits en tuile; on est loin de connaître les voûtes surbaissées; et quelquefois même les ponts sont si bombés qu'un cavalier pour y passer est obligé de descendre de cheval, de crainte qu'il ne glisse; et les éléphans à qui ces ponts peuvent encore moins servir, passent les rivières dans leur lit. Les digues destinées à contenir les eaux sont si mal construites qu'elles sont souvent rompues. La muraille qui sépare le Tunkin de la Cochinchine, et qui a quinze pieds de haut sur vingt d'épaisseur, est composée partie de pierres partie de terre, si mal liées et si incohérentes, que des réparations presque continuelles sont inévitables.

OBSERVATIONS GÉNÉRALES.

Dans les diverses opérations des beaux arts les Tunkinois ne recherchent point le germe des sensations qu'ils veulent produire; ils ne voyent dans leurs ouvrages que la matière et ne lui donnent point de physionomie. Dépourvus de principes et de modèles, ils se livrent à leurs fantaisies, qui dégénèrent en des bisarreries, dont l'habitude fait disparaître la difformité; de même que dans l'action sur l'ouïe le grand bruit est préféré à la mélodie, dans l'action sur la vue on abandonne la juste proportion pour le gigantesque, et l'élégance pour la somptuosité. Les convenances, les grâces, une noble simplicité sont inconnues; cependant il est quelques-unes de ces bisarreries qui ne sont pas sans agrément.

Au reste, doit-on plaindre cette nation de ne pas mieux réussir dans la brillante mais infructueuse et frivole carrière des beaux arts, qui quel que soit leur célébrité, ne sont que des amusemens? A la vérité, leur culture sert à adoucir les mœurs; mais les mœurs du Tunkinois ne sont point assez dures pour qu'elles ayent besoin d'un tel lénitif; et le succès dans ces arts n'est pas sans danger. Lorsqu'ils prennent une grande faveur, en adoucissant le caractère, ils l'amolissent, et ils ont été négligés ou dédaignés par les peuples qui ont déployé le plus grand caractère; les mœurs sont perdues quand le goût pour ces arts devient une passion nationale; alors l'estime est pervertie, l'artiste qui crée des plaisirs, est mis au niveau de qui rend des services à la patrie; et il s'en faut peu qu'un talent frivole ne soit prisé comme le génie ou la vertu. Cependant ces beaux arts doivent être vus sous un aspect plus favorable et plus noble, quand on les rend les panégiristes des belles actions et les historiens des grands hommes; si le Tunkinois n'en a pas fait ce respectable usage, du moins il ne les a pas avilis et corrompus par la représentation d'images lubriques et la célébration d'idées licentieuses, tort de nombre d'autres peuples et singulièrement des Chinois, ancêtres et modèles des Tunkinois sur tant d'autres objets.

CHAPITRE XII.

Commerce.

L'HOMME n'est parvenu au commerce, qu'après avoir passé graduellement par les professions de chasseur, de pasteur, de cultivateur, d'artisan. Dans la sphère de l'industrie, le commerce est l'apogée, parce qu'il donne aux productions de la terre ou des arts leur plus grande valeur, par leur translation dans les lieux et dans les mains où elles sont de la plus grande utilité; il a même les effets de la vertu, parce que l'intérêt personnel, agissant comme la bienfaisance, rend les hommes agens et serviteurs les uns des autres. Voyons-en l'action, soit dans les relations entre les sujets de l'empereur du Tunkin, soit entre eux et les nations étrangères.

COMMERCE INTÉRIEUR.

(1) La variété des productions de la terre et de l'industrie dans les divers états de l'empereur, dans les diverses provinces de ces états, dans les montagnes, dans les plaines, dans l'intérieur des terres, et sur les côtes, introduit et nécessite des échanges; mais qui ne sont ni très-étendus ni très-actifs. Il est dans presque tous les pays civilisés un ordre d'échanges entre les villes et les campagnes, qui consiste en ce que les campagnes nourrissent les villes, les villes vêtissent les campagnes et leur fournissent les instrumens de leurs travaux; mais ce n'est point le genre de relation établi entre les habitans du Tunkin; les villages contiennent de grands rassemblemens d'hommes, et réunissent l'agriculture, la pêche, et les ouvrages d'arts; et les villes n'étant presque habitées que par des gens riches, et par des mandarins appointés par l'état, ne vendent presque rien, et soldent en argent ce qui leur est fourni. Dans les grandes villes les marchés destinés à leur approvisionnement sont tenus avec un grand ordre; à Bac-Kinh capitale du Tunkin, un quartier de la ville est assigné pour l'exposition des denrées et marchandises importées; et chaque village

des environs qui se livre à cet approvisionnement a une rue qui lui est destinée. Entre les villages pourvus de diverses denrées, situés dans l'intérieur des terres, ou sur la côte, habités par des cultivateurs où par des pêcheurs, il existe des échanges; il en existe même entre les habitans d'un même village suivant les professions qu'ils exercent.

(2) Cependant il n'est pas rare que la circulation entre des cantons situés à peu de distance les uns des autres, soit interceptée par des montagnes, par des déserts, par des terres où résident des bêtes féroces. La haute et la basse Cochinchine sont séparées par une chaîne de montagnes, dont plusieurs sont inaccessibles; les habitans du Lac-tho ne peuvent se rendre dans le Tunkin, que par une marche de plusieurs jours dans des pays inhabités.

Les guerres intestines qui pendant nombre d'années, ont dévasté et ensanglanté ces pays, y avaient presque entièrement détruit les relations commerciales, et n'avaient laissé subsister que les plus indispensables; mais depuis le rétablissement de la paix, elles ont repris consistence; et par la réunion de plusieurs états sous la domination d'un même souverain, la sphère des relations s'est étendue; et ces états sont aujourd'hui appelés à jouir des avantages des grands états, dont chaque partie, dans les calamités qu'elle éprouve, est assurée du secours des autres.

(3) Les principaux objets du commerce intérieur sont, en comestibles, le riz objet principal de la subsistance, des fruits, du poisson, de la graisse de poisson qui tient lieu de beurre, des noix-d'areque, de l'arrak, du sel, de l'huile, du sucre en mélasse, de la canelle; en marchandises, du coton et de la soie en bourre, en fil, ou travaillés en étoffe; du papier peint ou à écrire, de la cire, du vernis, des vases de fayance et de fer, du bambou, du bois de fer; en animaux vivans, des éléphans, des bufles, des bœufs, des cochons, des canards, &c. &c.

Les provinces même qui sont les moins riches entrent en part dans ces échanges; le Laos fait passer dans le Tunkin des éléphans, de l'ivoire, de la cire, une grande quantité de bambous, et quelques étoffes de coton; le Lac-tho des bufles, et du coton non travaillé; ces pays en tirent du sel, de la graisse de poisson, et quelques soyëries. Cependant les habitans de quelques parties du Laos sont absolument étrangers à tout genre de commerce, et ne forment que des hordes errantes: ils ne cultivent point la terre, se nourrissent du produit naturel du sol, ne se livrent à aucun travail industriel que pour les besoins les plus absolus; ils n'ont rien à demander, rien à livrer; il en est de même des habitans du Tsiampa, soit par leur vie sauvage, soit par leur séquestration topographique.

(4) On n'a point encore tenté de tracer des chemins à travers les déserts et les montagnes; soit que les princes qui régnaient dans les pays dont elles formaient les limites, aient par une prudente timidité, voulu laisser subsister ces difficultés à l'introduction de l'étranger, soit qu'ils aient méconnu l'importance de faciliter le commerce, soit qu'ils aient ignoré l'art de vaincre les obstacles qu'y oppose la nature; souvent même dans les plaines, on ne trouve que de petits sentiers qui n'ouvrent passage qu'à deux ou trois hommes de front; mais, comme dans ces pays, ou par des réglemens ou par l'usage, il n'est que peu de personnes qui voyagent à cheval; ou sur des éléphans, ou en palanquin, la largeur des chemins n'est pas d'un aussi grand intérêt que dans d'autres pays; et d'ailleurs la plupart des voyages, et presque tous les transports de marchandises se font par eau.

Depuis la cessation d'une situation d'hostilité et de défiance, il n'est plus de motif pour laisser subsister ces séparations, et on peut espérer que bientôt ces communications seront ouvertes. Déjà existe une grande route de *Bac-Kinh* capitale du Tunkin à *Phu-Xuan* capitale de la haute Cochinchine, et séjour habituel de l'empereur; route aussi belle, que celles des pays européens, où elles sont dans le plus bel état; on en peut estimer la longueur à deux cents lieues; le terrein n'est ni pavé ni ferré, mais dans les parties où il n'est pas suffisamment solide, il a été fait des entassemens en caillous ou des fortifications en bois: le reste est seulement bombé, de manière à produire l'évacuation des eaux; la largeur de ce chemin est d'environ cent pieds; il est bordé de fossés, et sur les revers planté d'arbres fruitiers, qui offrent un asile contre les ardeurs du soleil, et des rafraîchissemens dont le voyageur peut à son gré faire usage. Malheureusement les hommes et les animaux ont détruit une grande partie de ces arbres.

Quelques autres chemins moins larges, et traités moins magnifiquement, conduisent d'un canton à un autre; la plupart consistent dans la partie supérieure de digues formées pour se garantir des inondations; mais il arrive souvent que ces digues étant mal construites sont rompues; et alors au lieu de servir, elles sont fort nuisibles, parce qu'elles empêchent l'écoulement des eaux, accident qui détruit les produits de la terre, et cause des exhalaisons mal saines, en même temps qu'il intercepte les communications. Les chemins sont aussi obstrués par un grand nombre de rivières, et de canaux qu'il faut traverser tantôt sur des ponts assez mal construits, tantôt en bateau.

(5) Une communication plus facile, plus prompte, moins dispendieuse, et dont par ces

raisons, il est fait un plus grand usage, est ouverte par les fleuves, les rivières, et les plaines inondées; de plus, le golphe, qui pénètre dans l'intérieur du Tunkin et de la Cochinchine offre entre leurs côtes une relation plus prompte, que celle des eaux douces. Quelques canaux ont été ouverts, mais de peu d'étendue; et il s'en faut beaucoup qu'ils puissent entrer en comparaison avec les superbes ouvrages de la Chine, où il existe un canal de six cents lieues de longueur.

(6) La correspondance épistolaire, un des ressorts principaux du commerce, est sans activité, parce qu'il n'y a point de poste aux lettres, et que pour chaque affaire, pour chaque ordre à donner, il faut envoyer un courier. Peut-être le despotisme se refuse-t-il à faciliter cette correspondance, de crainte qu'il ne se forme quelque confédération, et qu'il ne s'établisse des relations dangereuses. Il n'y a pas non plus de poste pour le transport des voyageurs; mais à cet égard l'inconvénient n'est pas très-grand, d'autant que partout on trouve des barques à louer, et que c'est par cette voie que se font presque tous les voyages et les transports.

(7) Nous ne pouvons donner de notion exacte des mesures du Tunkin; mais en voici une approximation. Dans les mesures linéales le pouce est un peu plus grand que celui de France; la coudée à dix pouces, et équivaut à treize ou

quatorze pouces de France; la toise est de cinq coudées, c'est un peu moins de six pieds de France; l'arpent de terre suivant la mesure du gouvernement qui sert à la répartition des impôts, est un quarré dont les côtés ont trente toises, ce qui donne une superficie à-peu-près égale à celle du petit arpent de France, qui est de trente-deux mille quatre cents pieds quarrés. Indépendamment de cette mesure générale, chaque commune a la sienne, qui, presque toujours, est plus forte que celle du gouvernement, afin que le gouvernement s'en rapportant dans son estime de l'étendue de la superficie, à la mesure communale, l'impôt soit allégé.

Des mesures de contenance la plus usuelle, est l'écuelle, d'autant que c'est dans les marchés la mesure en détail du riz. Cette mesure est ronde et plate au fond, le diamêtre est de cinq pouces, la hauteur d'un pouce; les marchands qui vendent le riz pilé dégagé de son écorce et en gros, se servent d'un boisseau plus ou moins grand suivant les provinces, mais qui communément contient environ cinquante écuelles. Il n'est point de mesure fixe pour les liquides, l'arrack se vend dans des bouteilles de fayance, la mêlasse dans des pots de terre, dont la grandeur est à la volonté du vendeur.

Les mesures de poids se divisent par dixièmes. La livre qui se nomme *nen* est de dix *lang* ou onces, le lang de dix *phan*, le phan de dix *phut* qui est le millième d'une livre, et la plus petite des mesures.

La livre a plus ou moins d'onces suivant le genre de marchandises dont elle est la mesure. Pour les métaux précieux, elle n'a que dix onces; et un dollar forme les sept dixièmes d'une once. La livre pour les comestibles est de seize onces; pour la pharmacie elle est de vingt onces.

Ces mesures sont fixées par la police, mais l'observation n'en est pas diligemment surveillée; et comme les balances et les mesures ne sont point stampées souvent le vendeur et l'acheteur ont chacun leurs balances, auxquelles chacun d'eux se rapporte pour les prix demandés ou offerts.

(8) Trois sortes de monnoies or, argent, airain; la plus faible monnoie consiste en une pièce d'airain, ronde, percée au milieu, marquée, sur un côté du nom du souverain; son poids est à-peu-près le même que celui du liard de France, sa dimension est le double, elle vaut à-peu-près la douzecentième partie d'une piastre. Cette piece s'appelle *Doungtien* autant que ces lettres peuvent rendre l'expression Tunkinoise; les Européens l'appellent *sapee* ou *sapeque;* une collection de six cents sapeques liés ensemble a cours dans le commerce et s'appelle en Tunkinois *quan-tien*, les Européens la nomment ligature. Dans les voyages, un homme porte vingt

à vingt-cinq ligatures dont une n'est estimée qu'une demie piastre, parce que l'airain et de très-peu de valeur.

La monnoie d'argent est une barre de ce métal coulée, plate, longue d'environ quatre pouces, marquée à chacun des deux bouts de deux lettres indicatives du titre de la pièce, et du lieu où elle a été coulée; elle est estimée valoir quartorze piastres.

La monnoie d'or consiste aussi dans une barre de la même forme, et du même poids que celle d'argent. La proportion de la valeur de l'or à celle de l'argent est plus faible qu'en Europe, et elle est susceptible de variation, il y a eu des temps où elle a été de quatorze à un; dans d'autres temps, elle n'a été que de dix à un.

Les monnoies d'or et d'argent sont marchandises et éprouvent de grandes variations d'un lieu à un autre, d'un jour à un autre, quelquefois dans le même marché la variation est d'un quart en plus ou en moins. Qu'on ait besoin d'une monnoie plus portative pour les voyages, ou pour payer une forte somme, les monnoies d'or ou d'argent gagnent, qu'on n'ait besoin que d'acheter des comestibles en détail comme dans les disettes, les monnoies d'or et d'argent perdent. La barre d'argent vaut communément vingt-huit ligatures; on l'a vue dans le cours de vingt ans n'en valoir que vingt, et dans d'autres temps en valoir quarante-cinq; il y a même eu un moment de disette, où cette barre n'a valu que dix-sept ligatures. En 1808 la piastre ne valaitqu'une ligature et trois dixièmes.

Il se perd une grande quantité d'espèces monnoyées, parce que les mandarins et les autres gens riches pour les soustraire aux voleurs, aux violences des guerres civiles, et à la rapacité de quelques-uns de leurs supérieurs, les enfouissent et ne confient leur secret ni à leurs femmes ni à leurs enfans. Aussi à la mort des personnes réputées riches souvent les héritiers sondent la terre du jardin avec de longues broches de fer, mais ils ne réussissent pas toujours à découvrir ces caches; et quelquefois en déracinant un arbre ou en fouillant la terre pour quelque autre objet, on trouve inopinement ces trésors.

Quelques pays qui reconnaissent la souveraineté de l'empereur du Tunkin, mais qui tiennent encore à la vie sauvage, ne font point usage de monnoie; les habitants du Lac-tho n'ont que celle qu'ils reçoivent du Tunkin, et ne s'en servent que pour ce qu'ils y achetent. Dans l'intérieur de leur pays, les échanges se font en nature, ou des bufles forment des termes d'appréciation qui suppléent la monnoie; c'est ainsi que dans la fondation de quelques colonies américaines des denrées, du sucre ou du cacao ont tenu lieu de monnoie. Le Laos n'admet point non plus les espèces monétaires; et dans quelques parties de ce pays ces espèces sont remplacées par des coquillages, usage admis chez plus d'un peuple sauvage.

(9) Dans le peu de relations de commerce, qu'ont les habitans du Lac-tho et du Laos, et qui consistent presque uniquement en quelques échanges avec le Tunkin ou la Cochinchine, ils portent une grande bonne foi; et quand il y a quelque fraude dans ces échanges, elle vient toujours des Tunkinois ou des Cochinchinois; qui pourtant ont avec justice la réputation d'être une des nations de l'Asie qui trompe le moins. On ne peut leur reprocher les fraudes même qui se pratiquent en Chine, où presque tous les marchands ont deux balances, l'une pour vendre, l'autre pour acheter. Aussi dans tous les états de l'empereur du Tunkin a-t-on une grande méfiance des marchands chinois qui viennent s'y établir; et cependant malgré cette défiance par leur subtilité et leur activité, ils font plutôt fortune que les marchands ou commerçans du pays.

(10) Le commerce ne se fait qu'en petites parties et en détail; il n'y a pas un commerçant dans les pays de la domination de l'empereur du Tunkin, qui fasse de grandes spéculations, ni qui soit en état d'en faire. Les commerçans sont en même temps armateurs, et il en est peu qui soient propriétaires de plus de deux grandes barques ou petits navires.

(11) Le crédit pourrait suppléer à l'insuffi-

sance des capitaux; mais ce crédit est bien faible, et l'intérêt de l'argent étant à un taux très-haut, absorbe les profits du commerce. Peu de capitalistes ont de grandes sommes disponibles; peu de commerçans peuvent donner aux prêteurs des sûretés; le taux de l'intérêt de l'argent n'est fixé par aucune loi; et dans les placemens ordinaires souvent il monte à deux et demi pour cent par mois, taux exhorbitant, mais analogue à ce qu'il est dans une grande partie de l'Inde, où trois sortes d'intérêts ont cours; l'un réputé vertu qui est d'un pour cent par mois; un autre de deux pour cent par mois, qui n'est ni vertu ni péché; un troisième qui est péché, et est de quatre pour cent par mois.

Tout emprunt doit être constaté par acte, et c'est une sage disposition de préférer la preuve littérale à la preuve vocale; mais il faut que dans cet acte l'intérêt stipulé soit spécifié, si non le prêteur perd même son capital; disposition dont il est difficile de trouver une juste cause, puisqu'il n'est point de taux d'intérêt prohibé par la loi.

Les capitalistes prêteurs d'argent, sont la seule classe du peuple qui soit riche; mais ils cachent le montant de leurs fonds, de crainte que leur richesse ne les expose aux vexations des mandarins. Cependant il faut que ces vexations ne soient pas très-communes, ou ne soient pas portées à un très-haut degré d'abus, puisqu'elles n'ont pas empêché nombre de Chinois de venir s'établir dans le Tunkin, dans la Cochinchine, et dans le Laos, et d'y faire fortune par le commerce.

COMMERCE EXTÉRIEUR.

(1) Les richesses territoriales dont le Tunkin est en possession, leur excellence, leur abondance, et la situation de ce pays, l'appellent à un grand commerce avec les autres nations; mais il ne s'y livre point par lui-même, et peu par l'intervention des étrangers. Avant le seizième siècle on voyait flotter avec quelque succès dans les mers de la Chine et du sud le pavillon Tunkinois; mais vers la fin de ce siècle les Européens ayant pénétré dans ces parages, y ont détruit par leurs pirateries toute la marine asiatique; elle s'y est relevée; mais celle du Tunkin se borne au cabotage sur les côtes des états soumis à l'empereur du Tunkin; et il est défendu aux Tunkinois de sortir de ces limites.

La Cochinchine par ses ports et ses rades est encore plus que le Tunkin appelée au commerce extérieur; mais on ne peut dire avec certitude quelle extension lui donne le gouvernement.

(2) Dans le dix-septième siècle les Euro-

péens étaient admis dans les ports du Tunkin; les Portugais, les Hollandais, les Anglais, les Français y avaient des établissemens; mais ils les ont perdus à diverses époques, et par diverses causes: les Portugais, parce qu'ils se sont rendus suspects d'avoir donné des secours à la Cochinchine avec laquelle le Tunkin était en guerre; les Hollandais, parce qu'ils ont été accusés d'avoir excité une sédition; les Anglais, parce qu'un capitaine d'un navire de cette nation, ayant fraudé les droits de douane, a résisté à main armée aux poursuites faites pour la perception de ces droits; quant au commerce des Français, il est tombé de lui-même; on voit encore les comptoirs qu'avaient ces nations, singulièrement celui des Hollandais près de *Bac-Kinh.*

Plusieurs des interruptions de ce commerce n'ont été que temporaires; et les ports du Tunkin fermés aux Anglais en 1730 leur ont été rouverts en 1742; mais après plusieurs alternatives d'admission et d'exclusion, les craintes du gouvernement et les troubles dont il a été agité, ont fait prévaloir l'exclusion; et les navires Européens ne sont admis à des relations de commerce, qu'en s'arrêtant à une certaine distance des côtes. Les Chinois sont traités plus favorablement; ils peuvent remonter les fleuves du Tunkin jusqu'à une certaine distance, mais sans avoir aucun établissement sur terre; à la suite des Chinois les Portugais établis à Macao sont parvenus à jouir des mêmes prérogatives.

La Cochinchine a, dans presque tous les temps, eu avec l'étranger des relations plus étendues que celles du Tunkin; et dans le commencement du 18ème siècle, nombre de navires chinois et européens fréquentaient la belle baie de Turon, et y faisaient un commerce assez considérable; mais depuis les guerres civiles survenues dans la Cochinchine, et le triomphe successif de divers partis, il n'a plus été possible à l'étranger d'y être en sûreté, et d'y avoir des relations stables. En 1778 les Anglais, maîtres d'une partie de l'Inde, ont conçu le projet d'établir un commerce réglé avec la Cochinchine, et ont fait à ce sujet des tentatives qui n'ont point réussi. En 1787, le roi de ce pays étant expulsé de ses états, a conçu l'idée de s'y rétablir par le secours de la France, et pour obtenir ce secours, lui a offert un établissement très-avantageux dans la baie de Turon, avec tous les droits et les prérogatives, qui étaient présumés ne pas porter une atteinte évidente au droit de souveraineté. D'après ces vues un traité a été conclu entre les rois de France et de Cochinchine; mais la révolution survenue en France, en a empêché l'exécution. Depuis le rétablissement du roi de Cochinchine dans ses états, et depuis la prise de possession de la couronne du Tunkin, la Compagnie des Indes Anglaise a de nouveau conçu le projet d'obtenir pour ses navires un traitement avantageux, et a envoyé secrètement un agent pour entamer cette négociation ; mais soit par les intrigues de quelques officiers Français en possession de la confiance de l'empereur, soit par la crainte qu'inspire la puissance des Anglais, les présens par lesquels on entame toute négociation n'ont point été acceptés, et la Compagnie n'a pu faire ses propositions.

(3) Dans le régime commercial que le gouvernement du Tunkin a adopté, il n'est point d'objets dont l'importation soit défendue, mais il en est plusieurs dont la sortie est interdite : d'abord l'exportation du riz dont toute la production est conservée pour la subsistance du national, et il n'est permis aux navires d'en charger que pour l'approvisionnement de leurs équipages ; mais la défense de cette exportation étant perpétuelle sans égard pour la force ou la faiblesse des récoltes, le riz reste invendu dans les années d'abondance ; et par là la culture privée du prix de son travail est défavorisée, et la subsistance qu'on veut assurer est compromise.

L'exportation de la canelle et du cuivre est réservée à l'empereur ; mais il s'en exporte beaucoup en contrebande. Il est aussi défendu d'exporter les métaux précieux, mais cette prohibition est encore mal observée du moins pour l'argent, qui est embarqué presque publiquement; l'exportation de ce métal doit paraître surprenante, car il est dans ce pays estimé dans une proportion avec l'or plus forte que celle admise en Europe, mais il est possible que dans les variations qui surviennent dans cette estime et qui sont fréquentes dans le Tunkin, il y ait des temps où le transport en Chine soit avantageux.

(4) Les objets principaux de l'exportation sont du poisson sec, des œufs de cannes salés, de l'areque, du vernis, de l'ébène, de l'ivoire, de la calamine qu'on transporte au Japon pour en faire avec du cuivre du fil de laiton; des écailles de tortue, du sucre en mêlasse, des toiles d'écorce d'arbres, des tissus de canne propres à faire des meubles, des tapis très-légers, de petits ouvrages vernis, des ouvrages de nacre de perle très-bien travaillés, du coton et de la soie brutes et travaillés; ces deux derniers objets sont les plus considérables.

Les objets d'importation sont du thé de Chine, qui peut-être n'est pas meilleur que celui qu'on récolte dans quelques parties du Tunkin, mais qui est mieux préparé; du sucre, quoique le sucre brut soit à meilleur marché dans le Tunkin, mais on n'y sait ni le blanchir ni le rafiner; de la farine de froment pour la table de quelques gourmets, des épiceries, des plantes médécinales, des drogues de pharmacie qui viennent de la Chine ou de la

Corée, du chanvre, du lin, quelques étoffes de soie moins belles, moins durables, plus chères que celles du Tunkin, mais plus recherchées, parce qu'elles ont des fleurs et des dessins, tandis que celles du Tunkin sont unies; quelques draps pour les uniformes des troupes, quelques parties de drap rouge pour des sandales dont les gens riches font usage dans l'intérieur de leurs maisons ; du mercure qu'on n'employe pas comme remède, mais dont on se sert pour la dissolution des métaux; quelques parties de porcelaine qui ne consistent qu'en des tasses et de grandes soucoupes, de la verrerie, ou du moins des tissus d'une pâte qui en tient lieu; de la quincaillerie, de la batterie de cuisine en cuivre et en fer, divers ouvrages de fer, quoiqu'il soit dans le Tunkin de meilleure qualité et à plus bas prix, mais il n'est pas aussi bien fabriqué. Presque toutes ces marchandises sont importées de la Chine; mais les Européens fournissent exclusivement des instrumens de guerre surtout des armes à feu, et c'est aujourd'hui la marchandise la plus demandée; ces armes ne peuvent être vendues qu'au gouvernement, qui quelquefois abuse de ce droit exclusif pour n'en donner qu'un prix insuffisant, mais les habitans du Laos ayant par exception le droit de s'en pourvoir, pour se défendre des bêtes féroces, en donnent un prix plus raisonnable; et une vente furtive aux autres sujets de l'empereur forme encore un attrait pour ce genre d'importation. Cette police du commerce extérieur se ressent de celle adoptée en Europe il y a plusieurs siècles; tout objet d'importation est permis, parce qu'il est estimé augmentation de richesses et de jouissances; et les prohibitions de sortir ne sont point sagement réglées. Les droits sur le commerce ne sont point gradués d'après la distinction des matières premières ou fabriquées; et on ne sait point ménager les intérêts de la main-d'œuvre nationales, et établir une juste combinaison entre les intérêts du cultivateur, du fabriquant, du consommateur.

CHAPITRE XIII.

Alimens.

(1) L'homme à trois besoins essentiels qui dérivent de sa constitution, et auxquels il lui est indispensable de pourvoir pour le maintien de son existence: l'aliment, le vêtement, le logement;

mais dans les climats dont la température est douce, ces besoins sont moins exigeans et moins urgens, un air moins vif aiguise moins l'appétit, et une moindre quantité d'alimens sustente ; à peine est-il nécessaire que le corps soit couvert; le moindre abri peut former un asile contre l'intempérie des saisons. L'habitant du Tunkin jouit de ces avantages.

(2) De ces trois besoins le plus impérieux sans aucune comparaison et auquel les autres sont fort subordonnés, celui auquel il est le plus dispendieux de subvenir, et auquel la plus grande partie de l'espèce humaine consacre les travaux de toute sa vie, celui qui, suivant qu'il y est plus ou moins complètement pourvu, forme la mesure la plus générale de bonheur ou de malheur, c'est sans contredit l'aliment ; et nous avons pu reconnaître combien sur cet objet est avantageux le sort des Tunkinois; d'excellentes substances alimentaires sont à leur disposition, les plus saines et les plus agréables au goût, et en très-grande quantité, le riz dont le produit est dans une forte proportion de la semence, dont on obtient chaque année deux récoltes, et dont la qualité est des meilleures de l'Asie, le maïs, plusieurs espèces de patates, nombre de plantes farineuses et légumineuses, parmi lesquelles le végétal maritime connu en Chine sous le nom de *Chinchou*, et dans le Tunkin sous le nom de *Haï-tsée*, passe pour

l'aliment le plus délicat que fournisse la végétation; une énorme quantité de fruits la plupart très-délicieux, et plusieurs pouvant être obtenus sans autre peine que celle de les cueillir; la moelle de presque tous les arbres spongieux formant aliment, et cette qualité nutritive étant commune aux feuilles de plusieurs arbres, singulièrement à celles du bambou et de l'arequier.

(3) La mer, les fleuves, la terre même par les inondations offrent un immense espace à une pêche plus productive qu'elle ne l'est en Europe; et le poisson est dans une telle abondance qu'il n'est presque point d'homme assez indigent pour être obligé de s'en passer. On a presque tous les poissons d'Europe, et d'autres espèces encore d'un goût excellent; et ceux qui sont le moins estimés en Europe, sont ici fort recherchés soit par une qualité meilleure, soit par un goût particulier au pays, les grenouilles sont trouvées un très-bon manger, et comme le pays est marécageux elles y sont fort communes.

(4) Les animaux terrestres fournissent aussi d'abondans moyens de subsistance, et par leur nombre, et parce que les Tunkinois font usage de toutes les espèces.

Non-seulement on mange comme en Europe du bœuf, du bufle dont la viande est plus estimée parce qu'elle a plus de sève, du cochon dont une petite espèce est d'une qualité excellente; et comme il est fort facile de nourrir cet animal dans un pays où la végétation est active, il n'est presque aucun paysan qui n'ait son cochon. Les chevreuils sont communs, et il en est aussi une espèce particulièrement estimée; on tient le cerf pour une bonne nourriture, et le cerf étoilé pour meilleur que les autres. On mange beaucoup d'animaux pour la chair desquels on a répugnance dans d'autres pays; non-seulement on mange du rhinoceros et quelques parties de l'éléphant, singulièrement la chair molle renfermée dans son pied; on mange aussi des sauterelles qui se cachent en terre et qu'on en retire en la bêchant; du singe, du cheval, de la chair de chien qui est plus estimée que celle de la plupart des autres animaux, et se vend plus cher; les gros rats des montagnes, des lézards, les vers qui sortent de terre au grand flux de la mer, des serpens d'une certaine espèce; il n'est presque point d'animal qui n'offre un comestible; on mange même le cuir du bœuf et du bufle en le faisant bouillir; et l'usage de ces alimens ne tient pas au manque de tout autre, mais est estimé agréable; ce qui provient apparemment de ce que la douceur de la température ou quelqu'autre influence empêchent que la chair de certains animaux ou la peau de quelques autres ayent dans ce pays la dureté ou le mauvais goût qu'elles ont dans d'autres pays.

La nécessité d'être exact et de ne rien omettre, nous oblige de rapporter que le Tunkinois fait usage du délivre des animaux comme aliment, et même qu'il avale le délivre des femmes comme remede; mais tandis que ce peuple se nourrit de ce qui nous inspire dégoût et horreur, il ne se permet point le lait des animaux, et a pour cette boisson la répugnance que peut inspirer la boisson du sang: cette répugnance va même jusqu'à exclure du nombre de ses alimens le beurre et le fromage.

(5) Les animaux aëriens sont encore d'une grande ressource; et les basses cours abondent en volailles, poules, oies, canards; on préfère les œufs de canard et d'oie à ceux de poule; et par un goût contraire à celui de toutes les autres nations, on n'aime point les œufs frais, on donne la préférence à ceux qui ont été couvés, et qui sont prêts à éclore: c'est un manger très-recherché par les gourmans qui trouvent un grand plaisir à sentir les os de l'animal à demi formés qui croquent sous la dent. On mange des œufs de fourmi, l'odeur et le goût en sont fort agréables. Les hannetons, après qu'on leur a ôté la tête et les instestins, sont estimés un très-bon manger; il en est de même des nymphes de vers à soie, on en ôte la soie, et on les fait frire.

Un des alimens le plus recherché consiste dans des nids de petits oiseaux, qu'on croit formés de l'écume de la mer, et de la résine du calambac ramassées par les oiseaux qui construisent ces nids ; on en fait un coulis, qui par lui-même n'a aucun goût déterminé, mais qui mêlé avec des viandes ou des légumes, leur donne de la sève et un goût excellent. On prétend que ce coulis a un merveilleux effet pour corroborer l'estomach, exciter l'appétit, et rendre propre à la conjonction des sexes.

(6) Comme dans une grande partie de ces pays l'eau est mauvaise et mal saine, l'usage s'est introduit de ne la point boire froide ; on ne la boit pas même tiède, mais presque bouillante. Pour lui donner un goût, on y infuse des feuilles de thé verd, ou des feuilles odoriférantes de quelques autres arbres, infusions qui lui donnent une couleur noire, et un montant qui peut causer une agitation et qui a quelques simptômes de l'ivresse ; on tient sur les grands chemins de l'eau ainsi préparée pour les besoins des voyageurs.

Il est une espèce de riz plus susceptible que les autres de fermentation, dont on fait une liqueur dans laquelle on mèle les trois-quarts d'eau; elle ressemble à ce qu'on nomme en France le petit vin, et est rafraîchissante, le peuple en fait grand usage. Par la distillation on obtient de ce riz une eau-de-vie nommée arrack, plus active que l'eau-de-vie de vin, et dont l'ivresse a des suites fâcheuses; mais dont l'usage modéré peut empêcher le relâchement de la fibre que produisent l'humidité du climat, et les boissons chaudes.

(7) Non-seulement les alimens des Tunkinois flattent le goût par leur nature, et par leur qualité, mais par la préparation qui leur est donnée. Quoiqu'elle ne soit ni aussi industrieuse ni aussi savante qu'en Europe, elle plaît beaucoup aux gens du pays, et dans la confection de divers mets, elle peut plaire au goût le plus délicat.

Les instrumens de la cuisine ne sont pas fort multipliés, ils ne consistent qu'en des marmites de cuivre étamé, et des poiles de fer; on ne fait usage ni de fours ni de broches. Toute cuisson s'opère en faisant bouillir.

Le riz, principal aliment, est cuit à l'eau; les pauvres le mangent en liquide, ils prétendent que, dans cet état, il nourrit davantage, et qu'on en consomme moins; les personnes aisées préfèrent de le manger sec, souvent on le mêle avec du poisson et avec de la viande.

Dans les plus grands repas on ne mange point de pain, on le remplace par des tasses de riz qu'on apporte de temps en temps aux convives.

Les mets sont fort composés, cependant souvent la viande et le poisson sont mangés crus; on les coupe en petites tranches minces comme du papier, et entre ces tranches on met des feuilles odoriférantes; cette crudité est réputée conserver la saveur de la viande et du poisson; et il n'est point de grand repas où l'on n'en serve ainsi préparés.

Les sauces sont formées d'épices et d'herbes aromatiques, et on les sert séparément des alimens: la sauce dont l'usage est le plus général, est le *ba-la-chan*, composé de poisson pilé, et mis en fermentation avec de l'eau salée; cette salaison corrige l'insipidité du riz qui n'est cuit qu'à l'eau; la sauce réputée la meilleure est faite avec du foie de poisson et autres ingrédiens qui facilitent la digestion, et au moyen de cette sauce il est rare qu'on sorte de table l'estomach surchargé.

Un des mets le plus estimé, est une pâte faite avec de la sardine; ou avec un autre petit poisson qui n'est guère plus gros qu'une aiguille, qui tient de la nature de l'écrevisse et, comme elle, rougit par la cuisson; un autre poisson à-peu-près de la grosseur de la sardine est un manger excellent, mais on le mange d'une manière qui révolterait un Européen: on met ces petits poissons dans un plat rempli d'eau, on les prend pendant qu'ils y nagent et on les mange tout vivans, en sorte que pendant que la tête est dans la bouche et sous les dents, le reste du corps remue et se débat. Ces mêmes hommes auxquels un tel manger ne fait aucune peine, ont répugnance à avaler une huître crue.

On mange beaucoup de patisserie; une espèce dont l'usage est fort commun, consiste en gâteaux de farine de fèves, avec des herbes fortes et du *ba-la-chan*; mais toutes les autres patisseries sont faites de riz avec de la pâte non levée, dans laquelle on mêle des graines odoriférantes, et quelquefois des fruits; cette patisserie ainsi préparée est cuite dans des chaudrons ou poëles, quelquefois elle ne subit aucune cuisson. Les gourmets sont partagés dans la préférence qu'ils accordent à l'une ou à l'autre de ces préparations; dans la réalité aucune des deux n'est bien bonne.

En revanche on excelle dans l'art de confire; on confit toute espèce de fruits, on leur donne la même couleur, la même fraîcheur, la même saveur, que s'ils étaient encore sur l'arbre; on confit même des racines auxquelles on donne à volonté une couleur et une saveur; on confit de petites branches d'arbustes qui deviennent mangeables, et ont un goût délicieux. Le métier de confiseur est concentré dans quelques familles qui font un secret de leurs procédés.

Les glaces manquent au luxe de la table, d'autant que dans ce pays il n'y a ni neige ni glace; mais il est douteux que cette recherche de la gourmandise fût fort accueillie dans un pays où l'on a le goût de boire chaud.

(8) On mange sur des tables rondes ou quarrées, vernissées, peu élevés et où ne peuvent guère prendre place que quatre personnes. Dans les repas d'apparat, on multiplie ces tables, et les premieres destinées aux personnes constituées en dignité, sont servies plus abondamment. Il en est de même dans les repas que donnent les communes, les chefs ont à leurs tables une plus grande quantité d'alimens, et emportent chez eux dans leurs longues manches ce qu'ils n'ont pu manger.

Il y a quelques années on servait au roi quinze dîners par jour, et il envoyait les plats de sa table à ses courtisans, ce qui était une grande faveur; cet envoi est encore en usage, mais la multitude des dîners a été supprimée.

Dans les grands repas les tables sont couvertes d'un grand nombre de plats, où sont empillés de la viande et du poisson, mais avec quelque art. Les tranches de viande ou de poisson sont entourées de bordures de riz, chaque mets par la couleur qui lui est donnée, a une teinte différente; et ces plats sont rangés de manière à former contraste, en sorte que le repas flatte la vue, en même temps qu'il sollicite l'appétit. La beauté de la porcelaine qui contient ces mets, ajoute encore à leur agrément; les desserts sont très-élégants par la beauté des fruits, la forme, des patisseries, la variété, l'excellence des confitures.

Les comestibles sont coupés en très-petites parties, et on les prend avec de petits morceaux de bois de sandale ou de bois de rose, qui suppléent les cuillières, les fourchettes et les couteaux. Les personnes qui se piquent d'élégance, se servent de ces petits morceaux de bois avec une grande dextérité, et ont des cuillères pour prendre la sauce, ce qui rend la manière de manger très-propre.

Lorsque quelque aliment est engagé dans les dents, on ne se permet point de l'extraire avec les doigts, mais on le dégage avec les instruments qui servent à porter les alimens à la bouche.

On sert le riz dans des tasses, parce qu'il est liquide, les autres alimens sont distribuées à chaque convive dans des soucoupes qui tiennent lieu d'assiette.

On ne fait point usage de nappes, ni de serviettes.

Pendant qu'on est à table un grand éventail, mis en mouvement, rafraîchit l'air, et préserve les mets de l'invasion des mouches.

Parmi les personnes d'un rang élevé les repas sont assujétis à de grandes formalités; mais le peuple ne les connaît pas, mange avec avidité, et sans que la conversation, ou aucune cérémonie lui donnent de distraction. Cependant il est rare qu'il mange avec excès, et plus encore qu'il s'enivre; cette débauche est plus commune parmi les gens de cour qui même y mettent de la prétention.

(9) Un avantage plus réel et plus important que ces moyens de satisfaire la gourmandise est, qu'excepté les temps de famine causés par un concours des désordres physiques et politiques, l'homme le plus pauvre à une subsistance suffisante et saine; une écuelle et demi de riz, qui revient à-peu-près à ce que peuvent contenir cinq ou six de nos tasses à café suffit pour alimenter un homme pendant toute une journée, et pour le soutenir dans un état de force; hors, en temps ordinaire cent écuelles de riz ne coûtent qu'une demi piastre, et par conséquent la nourriture d'un homme par jour ne revient qu'à trois liards de France. Presque tous les habitans de ce pays peuvent joindre à leur riz du poisson qui est très-commun, et des légumes qui sont très-abondans; presque tous même ont un cochon, et peuvent de temps en temps manger de la viande qui est à très-bas prix, un bufle ne coûte que vingt-cinq livres de France, un cochon ne coûte que la moitié.

Les Tunkinois se nourrissent mieux que les Cochinchinois, et les Cochinchinois mieux que les habitants des quatre autres états; mais leur avantage ne consiste que dans la délicatesse ou une meilleure préparation des alimens ; car excepté les sauvages errans, tous les habitants de ces pays ont, dans les temps ordinaires, une nourriture suffisante et saine ; les habitants du Lac-tho qui ne connaissent aucun luxe, ni même aucune commodité, ont du riz, du maïs, des patates, une grande quantité de racines, et assaisonnent leur riz avec du sel et de la graisse de poisson. Ils font une consommation habituelle de viande de cerf, de sanglier, de chevreuil, et il y a toujours du feu au milieu de leurs chambres, et une marmite pleine d'alimens. Quiconque a faim peut la satisfaire, même un étranger.

Dans le Tunkin les gens du peuple sont dans l'usage de ne faire que deux repas, le premier à neuf ou dix heures du matin, le second au coucher du soleil ; les gens aisés font trois repas.

Comme les deux sources principales de la subsistance, le riz et le poisson, sont de nature différente, elles sont supplémentaires l'une de l'autre ; si une trop longue résidence des eaux sur la terre y fait périr le riz, cette durée de l'inondation donne une plus grande quantité de poisson. Quand la récolte du riz manque par la sécheresse, les eaux donnent aussi moins de poisson ; mais alors d'autres végétaux et les animaux terrestres offrent des ressources.

Ajoutons une autre considération ; que nombre de substances qui répugnent à l'Européen forment aliment pour le Tunkinois; ce qui s'étend même à tout ce qui n'est pas venimeux; et quelque soit la dépravation de ce goût, il en résulte que les moyens de subsistance sont multipliés.

Dans les bonnes années, le Tunkin récolte en riz beaucoup plus que sa consommation, dans les mauvaises années le gouvernement ouvre des magasins, qu'il a en réserve; mais si les mauvaises années se renouvellent et se suivent, la disette et la famine s'ensuivent. Il y a environ vingt ans dans le Tunkin et dans la Cochinchine, nombre d'habitans ont manqué absolument de subsistance; et il en est qui sont morts de faim; mais cette calamité est provenue non-seulement des intempéries, mais de l'imprévoyance qui n'a pas conservé la surabondance des bonnes années pour les années stériles, et a donné aux bestiaux ce qui devait être réservé pour la nourriture des hommes; et bien plus encore des guerres intestines et terribles qui ont enlevé les cultivateurs à leurs charrues, ont empêché de semer, et ont détruit les récoltes; cependant ces famines ne sont ni dans le Tunkin, ni dans la Cochinchine et pays adjacens aussi fréquentes, aussi dépopulatrices, qu'elles le sont en Chine, et dans la plupart des contrées de l'Asie méridionale.

CHAPITRE XIV.

Vêtement.

(1) Le vêtement dans un pays d'une température aussi douce que celle du Tunkin est prescrit par la décence plus que par le besoin.

Les enfans jusqu'à l'âge de sept ans sont tous nus ; les hommes du peuple quand ils sont dans l'intérieur de leurs maisons ou vaquans à leurs travaux, n'ont autour du corps qu'une ceinture, qui repasse entre les cuisses, et qui recouvre les parties du corps que la pudeur oblige de cacher. Quant à leur habit de cérémonie, il est long, a de larges manches, descend jusqu'aux pieds, et ressemble aux robes des magistrats européens ; cet habit n'est attaché ni par des boutons, ni par des agraffes, mais est contenu par un lien. Sous cet habit ils n'ont que leur ceinture ; quelquefois ils y joignent un gillet et une grande culotte, ordinairement, ils laissent leur poitrine découverte.

Les femmes portent une robe qui laisse à nu la partie supérieure de leur gorge, et une grande partie de leur dos; leurs juppes ne descendent que jusqu'à mi-jambe. Les femmes du peuple qui sont au travail, découvrent leur gorge jusqu'au dessous des mamelles; mais les filles, et les femmes qui n'ont point d'enfans, ont la gorge couverte. Quand les femmes sortent de chez elles pour aller au marché, ou quand elles vont à quelque cérémonie, ou en visite, elles ont un manteau qui leur couvre tout le corps. Les deux sexes sont coëffés d'un turban; et on ne porte ni bas ni souliers; les personnes considérables dans l'intérieur de leurs maisons portent des sandales. Cette forme de vêtement subsiste depuis des siècles, et une mode une fois adoptée est irrévocable.

Les habitans du Lac-tho sont vêtus à-peu-près comme ceux du Tunkin.

Les Cochinchinois attachent à un de leurs pieds une pièce d'étoffe, dont, par des contours, ils couvrent tout leur corps jusqu'au col; et ensuite ils la font redescendre de l'autre côté, et ne laissent à découvert que les pieds et les jambes. Cette forme de vêtement est fort gênante; ils le reconnaissent, mais ne veulent point en changer, par une suite de l'artachement qu'ils ont pour tous leurs usages. Les femmes sont vêtues comme les hommes; et ne sont reconnaissables que par les formes de leur corps, et parce qu'elles n'ont point de barbe.

Les Camboyens et les Laociens sont vêtus comme les Cochinchinois; les sauvages du Laos et du Tsiampa ou ne sont point vêtus, ou n'ont aucune forme réglée et constante dans leurs vêtemens.

(2) La couleur des vêtemens est réglée suivant la distinction des rangs. Le jaune, couleur d'or, est réservé à l'empereur, et aux princes de sa maison; un jaune un peu plus pâle, est permis aux mandarins; le peuple peut faire usage d'un jaune plus pâle encore, mais sur le coton seulement, et non sur la soie. L'or dans les vêtemens n'est permis qu'aux grands mandarins, l'argent l'est à tout le monde.

La représentation sur les vêtemens d'un dragon, ou d'un certain aigle fabuleux, ou de la tortue de terre, est une distinction réservée aux grands mandarins. Le blanc est la couleur du deuil.

(3) Il est facile de pourvoir au vêtement; car le coton et la soie sont très-communs; les étoffes de ces substances sont au plus bas prix; et même quelques étoffes de soie sont à si bon marché que des pauvres s'en vêtissent; une étoffe

de coton grossiere, d'une étendue suffisante pour former le vêtement entier d'un homme, ne coûte qu'une ligature, c'est-à-dire la valeur de deux livres dix sols tournois; mais il est peu d'hommes assez pauvres pour ne pas dépenser deux ligatures à leur vêtement, et l'étoffe de soie grossière ne coûte guères plus. Mais ces mêmes étoffes, quand elles ont un certain degré de finesse et de perfection, sont d'un grand prix; et celles de coton sont encor plus chères que celle de soie.

La magnificence du vêtement est encore relevée par quelques ornemens. Les femmes riches portent des brasselets qui sont des barres de métal, ployées et adaptées à la forme du bras; elles portent aussi des pendans d'oreilles d'argent ou d'or auxquels on mêle quelquefois des diamans.

CHAPITRE XV.

Logement.

(1) Nous avons vu en traitant de l'architecture, ce que sont dans le Tunkin les palais, les temples et autres grands édifices ; maintenant nos regards ne se portent que sur les simples maisons d'habitation, qui dans ce pays n'ont pour objet que de mettre à l'abri de la pluie et des rayons du soleil ; car pour le froid il est peu de précautions à prendre ; le climat en dispense.

Comme presque partout le terrein est humide, on élève à quelques pieds au dessus du sol une plate-forme de terre, battue et comprimée, base sur laquelle la maison est construite ; aux extrémités de cette plate-forme, on laisse vide un petit espace qui sert de terrasse ; la bâtisse de la maison consiste en une enceinte de piliers ou colonnes qui soutiennent le toit, qui pourtant les dépasse ; dans l'intérieur du bâtiment est un autre rang de piliers ou colonnes plus élevées qui soutiennent le faîte du toit.

Dan les maisons des pauvres, la terre de la plate-forme sert de plancher ; mais quand on veut avoir une habitation plus saine, plus propre, plus agréable, on forme un plancher en bois élevé de six pouces au dessus de la plate forme ; ou ce qui est plus élégant, on couvre la plate-forme d'un papier fait avec de l'écorce d'arbre, et on l'enduit de chaux et de mélasse, ce qui forme un grand carreau qui s'étend dans toute la maison et dont la vue n'est pas sans quelque agrément.

Les murailles sont formées de torchis qui remplit les intervalles entre les piliers ou colonnes, et dans les maisons plus soignées le torchis est remplacé par des planches.

Au lieu de fenêtres et de vitres sont des treillis mobiles, composés de toiles, ou de nattes de bambou, assez fines pour laisser passer le jour.

Des chevrons très-minces recouverts par de grandes feuilles d'arbres forment le toit. Quelques couvertures sont de paille de riz, quelques-unes en très-petit nombre sont en tuiles.

Les cloisons et compartimens sont en planches, et enduites de chaux, à laquelle en y mêlant de la cendre, on donne une couleur brune, et en y joignant quelques herbes une couleur bleue.

(2) Les maisons sont composées de trois corps de logis, l'un forme la maison d'habitation, un autre les usines, un autre l'étable.

Le bâtiment ne peut avoir la forme d'un quarré; cette forme est réservée aux palais de l'empereur; mais dans la distribution des appartemens les formes sont libres. La maison ne doit avoir qu'un étage, à moins que le propriétaire ne soit constitué en dignité.

Les temples et les maisons des grands de l'état sont les seules qui puissent être construites en briques; mais c'est une bien mauvaise bâtisse, parce que cette brique n'est point cuite, mais seulement sechée au soleil.

A ces exceptions près, presque toutes les maisons sont construites en bois; et on préfère ce genre de construction, parce qu'il est beaucoup plus économique, et résiste mieux aux coups de vent.

Le bois presque universellement employé est le bambou, bois beaucoup moins cher que les autres, et qui quoique creux et spongieux est assez dur, se renforce en vieillissant, et devient capable de supporter même des toits de tuiles. Il est des maisons qui ne sont composées que de bois de bambou; on en forme les murailles, les piliers, les cloisons, le toit et même les meubles; mais chez les gens riches on employe de préférence le bois de fer pour les piliers et les colonnes, et divers genres de bois, ou d'autres substances pour les murailles.

(3) Dans la basse Cochinchine et le Lac-tho pays d'une grande humidité, et où les exhalaisons du sol sont mal saines, on laisse entre la partie habitée et le sol un espace vide, assez élevé pour y placer les bestiaux, et on enferme cet espace de planches.

A quelque distance de la mer presque toutes les maisons sont séparées, ont une cour, un jardin, un vivier, et sont placées entre la cour et le jardin. Mais sur la côte, la mer tient lieu de vivier, et les habitans passant leur vie sur l'eau, n'ont point de jardin, parce qu'ils n'auraient point le temps de le cultiver. Dans ces cantons par la grande proximité des maisons, les incendies causent de grands ravages; et ces malheurs sont fréquens, parce que les pêcheurs extrayent pendant la nuit, par la cuisson, l'huile et la graisse de poisson, matières fort inflammables; et des maisons de bois sont bientôt consumées par le feu pour peu que le vent l'anime. Pour prévenir ces désastres on a défendu de garder chez soi du feu pendant la nuit; mais cette défense est mal observée.

Un autre accident auquel sont sujets les bâtimens dans toute cette contrée, est que souvent les fourmis mangent intérieurement les bois dont ils sont formés; et on ne découvre cetté corrosion, que quand parvenue à un certain point, elle se manifeste par des simptômes d'une dégradation à laquelle il n'est plus temps de remédier. Quelques bois sont à l'abri de l'atteinte de ces fourmis; mais comme ces bois sont rares et chers, ils n'est pas ordinaire qu'on les emploie dans la construction des maisons.

(4) Si les maisons n'ont ni la solidité, ni l'élégance, ni les commodités des maisons européennes, elles sont assez bien adaptées à la localité; leur flexibilité favorise leur résistance aux coups de vent; elles donnent accès à l'air et ouverture à son cours; elles sont susceptibles d'une prompte et exacte clôture, et la briéveté de leur durée est compensée par une réconstruction facile et peu dispendieuse.

Ces maisons n'étant que d'un étage, excepté celles des grands de l'état, cette uniformité donne de l'agrément aux rues qu'elles forment. Dans les grandes villes ces rues sont alignées et larges; une moitié, qui est destinée au passage des animaux et au transport des marchandises, est en terrein naturel, l'autre moitié est pavée en brique, et sert de trotoir aux piétons, hors des villes, dans les belles plaines du Tunkin, presque toutes les maisons ont des jardins plantés en arequiers simétriquement arrangés, et ces jardins sont entourés de haies vives de bambou; les maisons sont en si grand nombre, que leurs jardins se touchent, même ceux des maisons dépendantes de diverses allées, en sorte que toute une plaine paraît un grand parc.

SECONDE PARTIE.

Nous avons vu l'homme physique: voyons l'homme moral. En vain la nature comble un pays de ses bienfaits, si l'ordre social détruit l'effet de cette bienfaisance; si par le despotisme l'homme devient victime de l'homme; si la loi ne protége pas la faiblesse contre la force; si la guerre abrège la carrière de l'existence, et précipite avant le temps dans le tombeau; si les contributions dont l'objet est d'assurer la propriété, l'absorbent et l'anéantissent; si la superstition rend stupide, où le fanatisme atroce; si les relations entre les hommes au lieu de perfectionner leur être vicient leur morale, et ne rectifient pas leur intelligence ; funestes abus d'un ordre de choses, qui institué en faveur de l'espèce humaine, trop souvent la tourmente et la dégrade ; voyons-en les effets dans le Tunkin, et jugeons jusqu'à quel point l'homme doit s'y féliciter ou s'y plaindre de l'existence et de l'ordre social.

CHAPITRE PREMIER.

Constitution Politique, et Gouvernement.

(1) La création d'une constitution politique, est une des productions de l'esprit humain la plus importante par son objet, la plus difficile par la sublimité des vues qui doivent la tracer, la plus compliquée par la multitude des considérations qu'elle embrasse et des modifications qu'elle admet; cependant à la honte de l'espèce humaine, il est rare qu'une œuvre qui réquiert la délibération la plus réfléchie en soit le produit. La force donne des lois, le temps les consolide, le préjugé les consacre; il faut que l'expérience en décèle les défauts, pour que la raison aidée des circonstances y fasse des réformes, ou en opère la refonte. C'est ainsi, que presque toutes les nations civilisées ont marché constamment, mais plus ou moins lentement, et sauf

des pas rétrogrades, vers la rectification de leurs institutions, et le perfectionnement des droits de l'homme et du citoyen.

L'Asie inférieure à l'Europe dans presque toutes les sciences et les arts, l'est aussi dans l'organisation des corps politiques; et le Tunkin porte l'empreinte de la partie du monde où il est situé. On n'y voit point cette sage et ingénieuse balance des pouvoirs, dont la combinaison, la connexion, la gradation, la dépendance à certains égards, l'indépendance à d'autres, règlent l'action du gouvernement, et la contiennent sans en altérer l'énergie. Originaires de la Chine, les Tunkinois en se séparant de cet empire, en ont conservé la forme de gouvernement, sans délibérer sur ce qui pouvait y mériter éloge ou blâme, et sur les changemens qu'exigeaient la localité et les intérêts particuliers du Tunkin.

(2) La Chine ne reconnaît encore dans le Tunkin, qu'une indépendance imparfaite; et ce n'est pas seulement par une suite de cette présomption insensée, suivant laquelle l'empereur de Chine s'attribue un droit de souveraineté illimité sur toute la surface de la terre; et ne veut voir dans les autres souverains que ses lieutenans, sur lesquels, à cause de la distance des lieux, il se repose du gouvernement des nations. Ses droits sur le Tunkin ont un caractère moins imaginaire et des titres plus réels; les souverains

du Tunkin, jusqu'à ces derniers temps ne se sont appelés que rois, dénomination qui, en Asie, indique dépendance; et le souverain actuel, qui se qualifie empereur, n'est point en Chine reconnu en cette qualité; il a, comme ses prédécesseurs, rendu hommage, et a reçu l'investiture de ses états.

Cette investiture est donnée avec une grande solennité, l'empereur de Chine envoie dans le Tunkin un mandarin qui, au milieu d'une grande assemblée nationale, prend séance sur un siége plus élevé que les autres; reçoit d'abord le salut du roi, qui est fait avec les prosternations dues à un supérieur, ensuite ce mandarin se lève, et revêtit le roi des ornemens de la royauté, le fait asseoir sur un siége plus élevé que le sien, et lui rend les mêmes salutations qu'il en a reçues. Ce n'est qu'alors que ses sujets lui prêtent serment de fidélité, et qu'il reçoit de l'empereur de la Chine le sceau, signe de sa puissance. Cependant malgré tous ces indices de dépendance, ce prince est maître absolu dans son état.

(3) La constitution politique de Tunkin est tracée dans le même esprit que la constitution de l'empire de la Chine. Le droit national y est une dérivation du droit naturel; la nation est considérée comme une famille agrandie; et toute puis-

sance a un caractère paternel. L'empereur est le père de l'état; chaque mandarin est le père de la province qu'il régit; chaque fonctionnaire public a le même caractère, dont l'application est réglée par son grade; le père de famille est un magistrat privé, ayant juridiction sur tous les êtres issus de lui, ou qui composent sa famille. Au commencement de chaque année cette dépendance hiérarchique est solennisée par un serment, que les mandarins prêtent à l'empereur, les mandarins inférieurs aux mandarins supérieurs, les simples citoyens aux officiers publics, les femmes, les enfans, les domestiques au père de famille: ainsi dès les premiers momens de l'existence la leçon de la soumission est donnée, et dans toutes les relations sociales l'habitude en est prise; la piété filiale se mêlant à l'obéissance politique, la cimente et la consacre, en même temps que les souverains voyant dans leur puissance un caractère de paternité, sont appelés à en adopter les sentimens. Les préambules des lois portent toujours l'expression de ce sentiment, et les dispositions de la plupart de ces lois en donnent des preuves.

Cependant des dispositions si sages, si humaines, si bienfaisantes ne suffisent pas pour empêcher le malheur et l'oppression des peuples; parce que la puissance souveraine n'étant point contenue, tend nécessairement à l'exagération, et que les agens de cette puissance n'étant pas surveillés, l'employent pour leur intérêt personnel.

Cet état est une monarchie indivisible, et héréditaire dans la ligne masculine, l'ordre de primogéniture observé; cependant le monarque a droit d'intervertir cet ordre, et de se choisir un successeur, pourvu que ce choix tombe sur un de ses enfans issu d'un mariage solennel.

La puissance du monarque n'est circonscrite par aucun pacte social, et est despotique. Nul ordre de citoyens, nulle corporation n'ont droit de sanctionner les ordres du souverain par leur assentiment; nulle grande autorité, dont le dépositaire ne soit investi par le souverain, et ne puisse être destitué; le peuple est à la volonté du prince, imposé et sujet au service militaire. Nul sujet de l'empire ne peut sortir de ses états, nul étranger n'y peut entrer sans une permission.

Pour rendre cette puissance irrésistible, le port d'armes est généralement interdit, même celui de l'arme blanche, sauf des exceptions accordées à des localités ou a des considérations personnelles. Hors des pays où l'on élève des éléphans, le souverain seul peut en avoir en propriété, parce que cet animal est un instrument de guerre; il en est comme des canons en Europe.

(4) Le despotisme est adouci par les formes, auxquelles est assujetie la manifestation de la

volonté souveraine; et il est tempéré par plusieurs institutions, dont même quelques-unes ont une nuance démocratique. Nulle ordonnance de l'empereur n'est donnée qu'elle n'ait été délibérée dans un conseil suprême, tribunal en dernier ressort, et corps administratif, aux séances duquel l'empereur assiste toujours. Lui seul y a voix délibérative; mais du moins il y entend tout ce qui peut éclairer sa décision. Les ordonnances portent avec le nom de l'empereur la mention de la délibération de ce grand conseil; ce qui les rend plus respectables aux yeux des peuples, et annonce que ces lois ou mandemens sont le résultat d'un mur examen.

Une institution bien surprenante dans un état despotique, est que les communes y ont un droit de législation sur leurs habitans, en tout ce qui concerne la police; et même un droit de juridiction en dernier ressort pour l'exécution de leurs réglemens. En outre, une institution très-estimable, et qui semble aussi se concilier difficilement avec le despotisme, est que tout sujet de l'empereur a droit de lui adresser des mémoires sur les réformes dans l'ordre public qu'il estime utiles; ces mémoires sont soumis à l'inspection du conseil, et lorsqu'ils contiennent des idées de quelque utilité, le conseil en fait faire des copies qu'il envoye aux mandarins dans les provinces, pour leur servir d'instruction; ou même il fait par des réglemens interprétatifs, les réformes proposées.

(5) La nation est divisée en deux ordres, des royaux qui forment un ordre de noblesse, des populaires qui sont la masse du peuple. Sous la dénomination de royaux sont compris depuis les princes de la maison impériale et les mandarins, jusqu'aux simples soldats ; la noblesse est personnelle, inhérente, a un titre et a des fonctions. Le fils d'un mandarin est dans la classe des populaires, et n'a sur eux que les avantages qui lui donnent une plus grande fortune, une meilleure éducation, et le souvenir de ce qu'était son père. Dans la famille impériale, la noblesse est héréditaire, mais seulement jusqu'au degré de neveu de l'empereur. Plus loin cette parenté ne donne plus la qualité de prince, quoiqu'elle assure toujours des respects, ou du moins des égards.

Deux classes de mandarins des militaires et des lettrés, leur rang est le même; les militaires ont la préséance, les lettrés ont plus d'influence sur le sort du peuple. Dans l'une et l'autre classe on compte sept grades: au premier rang des mandarins militaires sont quatre grands mandarins, nommés les quatre colonnes de l'état, qui, dans les occasions solennelles, entourent l'empereur, le premier étant à sa gauche, le second devant lui, le troisième à la droite, le quatrième derrière. Ces quatre mandarins commandent chacun une armée, et présentent aux places d'officiers de leurs armées; un cinquième grand mandarin a été créé, mais c'est un grade militaire plus qu'un office constitutionnel.

Les sept grades de mandarins militaires vont jusqu'à celui de capitaine, qui en forme le terme.

Les soldats, quoique tous attachés au service militaire, n'y sont pas tous employés, plusieurs servent aux contraintes qu'exigent les mandemens de justice, et les ordres de l'administration; et même plusieurs, malgré leur qualité de royaux, remplissent dans les maisons des mandarins des fonctions domestiques, mais qui sont réputées ennoblies par la dignité éminente des personnes qu'ils servent.

L'empereur a dans sa maison militaire une garde de l'intérieur de son palais, composée d'hommes nommés *les sabres d'or*, parce que la poignée de leurs sabres est garnie de ce métal. Lorsque l'empereur veut faire arrêter quelqu'un de considérable, ou exercer quelque acte d'autorité important, il en charge un ou deux de ces gardes, qui, en montrant la poignée de leurs sabres, obtiennent la soumission la plus prompte aux ordres dont ils sont porteurs.

Lorsque l'empereur les envoye dans les provinces, il leur fait remettre un petit bâton d'yvoire, revêtu de caractères impériaux. Dès que le porteur de ce bâton le montre au mandarin qui commande dans la province, ce mandarin après avoir reçu à genoux les ordres de l'empereur, donne toute assistance pour leur exécution.

A la tête des mandarins lettrés sont quatre d'entreux, le premier préposé au recouvrement des revenus de l'état, le second a la garde du trésor et a la dépense, le troisième a la levée des gens de guerre, et a leur subsistance, le qua trième a la construction des fortifications et des vaisseaux. Quant aux mandarins subalternes, ils sont répandus dans tout l'état, et y exercent quelque partie de l'autorité impériale; il est aussi des mandarins lettrés qui ne sont investis d'aucune autorité, mais sont des espèces de docteurs, qui parlent en public de la morale, expliquent la doctrine de Confutzée, et affectent de proférer des apophtegmes.

La prérogative des royaux est l'exemption des impôts pour eux, leurs femmes et leurs enfans; les soldats n'ont qu'une exemption personnelle. Outre les immunités concédées au mandarin, il lui est délivré par le gouvernement une certaine quantité de riz, et il est remis à sa disposition des soldats qu'il emploie à son service personnel, ou qu'il exempte du service militaire moyennant une rétribution.

Il jouit aussi de distinctions honorifiques proportionnées à son grade, qui consistent dans le genre de salut qui lui est dû, dans les formes et les couleurs de son vêtement, de son palanquin, de son parasol, et dans le droit de monter des éléphans.

(6) Les populaires composés de cultivateurs, d'artisans, de pêcheurs, de navigateurs, etc. n'ont aucune prérogative, mais des droits inhérens à leur qualité de nationaux. Ils forment des corps politiques nommés communes qui, dans les assemblées de leurs membres, délibèrent sur leurs intérêts, et y pourvoyent; chaque habitant de ces communes y a droit de suffrage à dix-huit ans, âge fixé pour le service militaire; en sorte que les droits et les devoirs civiques sont concomitans. Dans ces assemblées communales les rangs sont réglés par l'âge; mais si quelque citoyen a rendu un grand service à la commune, ou s'il lui a fait quelque don, il jouit d'un droit de préséance, pourvu qu'il lui soit adjugé par le suffrage unanime de tous les membres.

Ces communes sont investies d'une puissance législative et juridictionnelle; elles se donnent des chefs qui sont nommés à la pluralité des voix, elles ont des maisons pour tenir leurs assemblées; elles répartissent les impôts entre leurs citoyens; elles ont des fonds destinés à l'acquit des dépenses communales; et il est de ces communes qui jouissent de biens considérables, dont une partie est patrimoniale, une partie consiste en terres domaniales, inféodées sous la condition d'être inaliénables.

Les communes distribuent ces terres entre leurs citoyens, et leur en concédent une jouissance temporaire, à la charge d'une redevance annuelle ; les anciens ont le choix de ces lots.

Non-seulement chaque aldée est une commune, mais les grandes villes sont divisées par quartiers, dont chacune forme une commune.

Environ un dixième des habitans du Tunkin n'a d'habitation que sur l'eau, leurs communes séparées de celles de terre, et ayant une administration indépendante de la leur, ont la même constitution, et le même régime.

(7) Le Tunkin est divisé en douze provinces; la Cochinchine en onze : ces provinces sont fort inégales en étendue, en population, en richesse ; chacune d'elles forme un gouvernement, qui est subdivisé en arrondissemens ; les arrondissemens en bailliages ; les bailliages en communes : divisions et subdivisions qui ne sont pas absolument les mêmes pour l'administration de la justice, et pour la répartition des impôts.

Dans chaque bailliage sont établis deux mandarins, un militaire, un lettré, qui ont l'administration de la justice, sont chargés de l'exécution des ordres du gouvernement, de lever les soldats, de répartir et de faire percevoir les impôts;

le mandarin militaire a le sceau, le lettré a la signature; leur concours est nécessaire pour la décision des affaires; et quoiqu'ils soient égaux en autorité, et que le mandarin militaire précede le lettré, celui-ci, par la supériorité de ses connaissances, a une grande prépondérance, aussi c'est à lui de préférence qu'ont recours les justiciables, et qu'ils font des présens pour se le rendre favorable.

(8) La Cochinchine, étant un démembrement du Tunkin, en a conservé les lois, et le régime; et cette forme de gouvernement est, sauf quelques exceptions peu importantes, commune aux autres états de l'empereur; mais dans les pays dont les habitans mènent une vie sauvage, la puissance de l'empereur est réduite à une vaine dénomination. Les habitans du Tsiampa sont inconnus à leurs voisins et à leur souverain; ceux du Laos qui vivent en hordes errantes échappent aussi à la puissance publique: et celles de ces hordes qui sont sédentaires, et qui forment des corps politiques n'y sont soumises qu'imparfaitement. Une grande partie des habitans du Lac-tho est divisée par cantons, qui ont des chefs héréditaires, qui se font des guerres cruelles, les vainqueurs détruisent les villages des vaincus, et exterminent une grande partie de leurs habitans, sans que le souverain du Tunkin, quoique reconnu pour le leur, intervienne dans ces guerres qu'il

feint d'ignorer; et même quand un des partis réclame sa protection, souvent il s'abstient d'y envoyer des troupes, parce que les soldats ont la plus grande répugnance à faire la guerre dans ces pays. Les eaux y étant très-malsaines, les étrangers qui n'y sont point accoutumés contractent des maladies et périssent. D'ailleurs les montagnards de ces cantons ayant pour se défendre des bêtes féroces, l'usage des armes à feu, s'en servent dans des défilés qui ne sont connus que d'eux, y fusillent les gens de guerre qu'on envoye contre eux, et par des surprises et des affaires de poste parviennent à détruire les armées.

(9) Pendant long-temps dans le Tunkin et dans la Cochinchine la puissance souveraine a été despotique sans être tirannique; les mœurs qui sont douces ont suppléé les lois, ont protégé le peuple, ont prévenu les injustices et les crimes du trône; mais depuis que les guerres civiles ont agité et déchiré ce pays, la fureur de l'esprit de parti a fait disparaître la modération et l'équité du gouvernement. Pendant ces guerres, ce pays a été en proie aux plus grandes vexations, et aux plus grandes cruautés; et depuis que la paix est rétablie, et que le trône est stabilisé, la nécessité d'assurer par une grande force une domination nouvelle, d'ouvrir des communications entre les pays qui reconnaissent le même souverain, de se mettre en sûreté contre les états qu'a indisposés un grand

accroissement de puissance, ont nécessité des mesures onéreuses pour les peuples. De grandes routes ont été ouvertes; des places frontières ont été fortifiées suivant la méthode européenne; le pied de troupes, en temps de paix, a été augmenté; le service militaire a été plus régulièrement exigé; de là, augmentation de corvées, d'impôts, et de toutes les charges publiques.

Cette aggravation du sort national est un malheur temporaire, dont il doit résulter par la suite de grands avantages; mais le présent faisant plus d'impression que la perspective de l'avenir, a altéré l'affection des sujets pour leur souverain. D'ailleurs le prince régnant, depuis qu'il a recueilli le fruit de ses victoires, met moins d'application aux soins du gouvernement, s'occupe moins à plaire aux gens de guerre, et a pris plus de goût pour de vains plaisirs. Il a fixé sa résidence à Phu-xuan en Cochinchine, et il ne fait que des voyages temporaires dans le Tunkin, état bien plus important que la Cochinchine, et dont les habitans se plaignent de ne pas posséder leur souverain, et aussi des préférences accordées aux Cochinchinois qui obtiennent des places de mandarin dans le Tunkin au préjudice des nationaux. Cette indisposition des esprits mérite une sérieuse attention; cependant jusqu'à présent quoiqu'il y ait des indices de mécontentement, la fermeté du gouvernement, une police sage et vigilante, le militaire discipliné et obéissant, l'admiration pour un prince victorieux, sentiment plus puissant et plus impérieux que les droits conférés par les lois, ont maintenu la soumission, et ont fait sentir l'impossibilité du succès d'une révolte.

Les lois, le gouvernement, le régime de cette nation, étant justement appréciés, on reconnaît qu'elle a moins à se plaindre de la constitution de l'état que du gouvernement, et moins du gouvernement que de l'administration, que le malheur des sujets vient moins du degré de puissance conféré au souverain, que de l'abus de cette puissance; moins du souverain lui-même, que des dépositaires de son autorité; et la preuve en est que dans les provinces régies par des mandarins probes et éclairés, les vexations de mandarins subalternes étant prévenues ou réprimées, le peuple vit dans l'aisance, et jouit d'un sort heureux.

(10) Le système politique de ce gouvernement dans ses relations extérieures est une grande défiance. L'empereur n'ignore point que la Chine ne peut oublier que le Tunkin est un démembrement de son empire; et les signes d'indépendance qu'il a donnés, ne sont pas de nature à inspirer à l'empereur de la Chine des dispositions plus favorables. Cependant suivant le plan de ses prédécesseurs, en même temps qu'il se tient constamment en état de se défendre contre cette puis-

sance formidable, il entretient avec elle des relations de commerce, qui sont profitables aux deux états, et cimentent la bonne intelligence ; il a peu à espérer, peu à craindre des nations voisines, Siamois, Malais et autres ; quant aux Européens depuis qu'il n'a plus un besoin essentiel de leurs secours, il paraît qu'il ne leur accorde plus la même faveur.

En général cette cour paraît adopter le système politique de presque toutes les cours de l'Asie ; défiance de tous les autres états ; beaucoup d'astuce dans les conventions ; peu de sûreté dans l'exécution des engagemens, dès que l'intérêt s'y oppose, et plus d'artifice que de véritable politique ; par rapport aux Européens des ménagemens pour tirer avantage des relations qu'on entretient avec eux ; mais la vigilance que doivent inspirer des peuples supérieurs en moyens, et toujours prêts à abuser des prérogatives qui leur sont concédées. Au reste, quel que soit le procédé du souverain du Tunkin ainsi que des autres souverains de l'Inde, l'Européen peut-il être surpris de la défiance qu'il inspire, a-t-il acquis le droit de censurer l'immoralité des gouvernemens de l'Inde ?

CHAPITRE II.

Droit Privé.

(1) Le droit civil du Tunkin, imparfait et défectueux dans quelques-unes de ses dispositions, est en général sage, juste, confirmatif des droits essentiels de l'homme et du citoyen; il a pour base le droit Chinois, qui est pour ce pays ce que le droit romain était pour les pays coutumiers de la France, la raison écrite. Nombre de constitutions et d'ordonnances des souverains du Tunkin ont modifié ce droit élémentaire, ou même y ont dérogé, et en outre quelques états de l'empereur, quelques provinces du Tunkin, et même nombre de communes, sont régies par des lois particulières.

Suivant le droit général admis dans tous les

pays de la domination de l'empereur, l'homme y naît libre, et ne peut perdre sa liberté, excepté dans une horde de sauvages du Laos *, qui n'a point de lois bien fixes et précises; mais qui tient pour principe qu'on peut vendre comme esclaves les criminels et les débiteurs qui ne payent pas leurs dettes. Les Tunkinois ne veulent point admettre chez eux ces esclaves du Laos, mais les Cochinchinois les achetent.

(2) La conjonction des sexes ne doit avoir lieu que par le mariage, engagement qui se contracte pour toute la vie; mais cependant n'est pas indissoluble.

Les parens du garçon font la demande de la fille à ses parens, et leur offrent des comestibles; si la demande est agréée, les parens des deux familles mangent ensemble ces présents. Dans quelques provinces, l'usage est que le garçon aille dans la maison de la fille, et qu'il y demeure plusieurs mois, même quelquefois un ou deux ans, et qu'il y fasse tous les travaux que ferait un fils de la maison; si après ces services il n'est pas agréé, et si le mariage n'a pas lieu, on lui paye ses travaux.

Quelquefois les parens marient leurs enfans dès la plus tendre enfance, dès l'âge de deux

---

* Cette horde s'appelle Meï.

ou trois ans; mais les futurs n'habitent ensemble que quand ils ont atteint l'âge de puberté. A compter de cette promesse de mariage, le futur ou ses parens portent quatre fois par an des présens à la future et à ses parens; et si par la suite le mariage ne s'effectue pas, les présens sont rendus.

Avant que le mariage ait lieu, le garçon doit payer à la commune un droit fixé par les réglemens communaux, et qui varie depuis trois jusqu'à vingt piastres; si la fille est d'une autre commune que le garçon, le droit est double; en outre, on fait aux anciens de la commune un présent de bétel et de rack: c'est le payement de ce droit à la commune qui forme et constate la convention maritale, et il n'y a aucun autre acte légal, ni religieux.

De ce moment le mariage existe, et les époux peuvent se voir librement. Cependant quelquefois plusieurs mois se passent encore avant les noces et la consommation du mariage. Ce jour enfin arrivé, les parens de la fille donnent un grand repas, et ont des comédiens qui chantent des chansons en l'honneur des époux, et font des vœux pour leur bonheur. A ces repas sont invités les parens des deux familles qui font des présents, qui ordinairement montent à une somme plus forte que la dépense de la fête.

Après le repas, on conduit solennellement la

mariée dans la maison de son époux. En y entrant, elle se prosterne devant les idoles de la maison ; ensuite devant les père et mère de son époux; et de ce moment elle est de la maison, et en la puissance de son mari.

Il n'est point de défaut physique ni de maladie, qui forme un empêchement dirimant du mariage ; l'impuissance même n'est pas une cause de nullité, et les eunuques peuvent se marier.

Le mariage est prohibé entre parens dans toute la ligne directe, et en collatérale entre les parens du côté du père jusqu'au dixième degré; mais du côté maternel il n'y a interdition qu'au premier degré. On ne peut épouser la fille de sa mère, même d'un autre lit ; mais on peut épouser la sœur de sa mère, deux sœurs en même temps, une mère et sa fille pourvu que ce soit l'une après l'autre.

Le mari a sur sa femme la plus grande puissance ; non-seulement, il peut disposer à son gré des biens qu'elle lui a apportés, qui ordinairement ne consistent qu'en quelques meubles et quelques bijoux ; mais cette puissance s'étend sur la personne de sa femme, qu'il peut battre et enchaîner ; et ce droit a lieu sur toutes ses femmes quel que soit leur rang. Quand le monarque donne une de ses filles en mariage a un mandarin, il donne à sa fille un sabre, pour couper la tête de son époux, s'il se rend coupable de quelque crime d'état ; en même temps il donne au mari un fouet pour corriger sa femme, si elle fait quelque faute.

Si le mari tue sa femme, il est poursuivi en justice pour ce délit, mais il n'est point puni de mort; il est seulement condamné en des amendes, mais si fortes qu'elles emportent presque toujours la perte totale de sa fortune, et le réduisent à la mendicité.

Les femmes mises dans une dépendance de leurs époux qui tient de la domesticité, et même de l'esclavage, sont encore avant le mariage et après sa dissolution, dans une interdiction perpétuelle, relativement à la disposition de leurs biens. Une mère ne peut aliéner ses biens sans le consentement de son fils; une tante sans l'agrément de son plus proche cousin, chef de la famille.

Le divorce est permis; mais le mari seul a le droit de répudier; il n'est pas nécessaire que la cause en soit bien grave; quelque manque de respect de la femme envers le mari en présence d'un étranger est un motif suffisant. Le mari donne à sa femme un certificat qu'il l'abandonne, et ce certificat est présenté à la commune, et apostillé par le chef de la commune, qui en garde copie; alors la femme reprend les biens, qu'elle a apportés, et peut contracter un autre mariage; et les enfans issus du mariage dissous restent au pouvoir du père. Si le mari ne sait point écrire, on supplée sa signature en cassant un des petits bâtons qui servent à mangre du riz, et une petite pièce de monnoye, en présence du chef de la commune, qui en dresse procès-verbal, et remet à chacun des époux un morceau du bâton et de la pièce de monnoye.

Lorsqu'un mari maltraite excessivement sa femme et l'excède de coups, elle s'entend avec ses parens, s'enfuit de la maison du mari, et se cache ; alors les parens attaquent le mari comme ayant tué sa femme ; et comme il ne peut ni la représenter ni justifier de son décès par voie naturelle, il est exposé à être condamné à d'énormes amendes qu'il n'évite, qu'en conciliant l'affaire par le consentement à un divorce.

La pluralité des femmes est permise ; mais il n'y en a qu'une qui ait les droits de femme légale ; les autres sont considérées comme concubines. Le mari en se mariant déclare sur quel pied il prend sa femme ; mais quand il en a pris une comme légale, il ne peut plus donner ce titre à d'autres ; s'il épouse deux sœurs à la fois, il peut déclarer laquelle des deux est la femme légale. Les mariages avec la femme légale ou avec la concubine, sont célébrés dans les mêmes formes, mais le dernier avec moins de solemnité et de dépense.

La femme légale, est seule maîtresse dans la maison ; et elle a sur les autres femmes une autorité presque égale à celle d'un maître sur ses domestiques ; son autorité s'étend sur tous les enfans nés de son mari, même sur ceux nés des concubines; elle préside à leur éducation, et ils l'appellent leur mère; tandis qu'ils n'appellent leur véritable mère que leur sœur aînée.

Si une concubine prend ascendant sur l'époux, il lui fait bâtir une petite maison près de la sienne, et va y vivre avec elle; mais l'épouse légitime reste toujours maîtresse de la grande maison, et peut même, si elle le veut, y retenir les enfans de la favorite.

(3) Le droit odieux et barbare établi en Chine d'exposer les nouveaux-nés, n'a point lieu dans les états de l'empereur du Tunkin; et le père est obligé de conserver et de nourrir ses enfans, fussent-ils difformes; on est même indépendamment des lois, fort éloigné de l'infanticide; et au lieu de faire périr les enfans, on en achete. La qualité de père d'une nombreuse famille est honorable et même profitable; car la nourriture de l'homme étant peu dispendieuse, les enfans ne tardent pas à rapporter par leur travail plus que ne coûte leur entretien.

Le père a sur ses enfans une puissance presque illimitée: il peut même, dans la nécessité de ses affaires, les vendre non comme esclaves, puisque l'esclavage n'est point admis, mais comme domestiques à temps, et alors il peut vendre en même temps sa femme, comme gouvernante de ses enfans, ce qui la conduit à être concubine de l'acheteur. Cette puissance paternelle cesse quand les enfans ont atteint l'âge de dix-huit ans, parce qu'alors assujetis au service militaire et ayant droit de suffrage aux assemblées communales, ils ont la plénitude de l'état de citoyen ; cependant quel que soit leur âge, et quels que soient leurs droits, jamais il ne leur est permis de traduire leur père en justice ; et l'attachement et le respect des enfans donnent à leur dépendance encore plus d'extension que n'en établit la loi.

L'adoption a lieu, et l'enfant adopté a les mêmes droits que les enfans issus du mariage. Quelquefois le père naturel fait des présens pour obtenir que son fils soit adopté, quelquefois il en reçoit pour consentir à l'adoption ; et c'est encore un moyen au père naturel pour tirer un prix de la disposition de ses enfans.

(4) Tous les enfans ont droit à la succession de leur père, quel que soit leur mère ; mais le fils de la femme légale est reconnu l'aîné, quand même il ne le serait pas par l'ordre de la naissance ; et en vertu du droit d'aînesse, il prend hors part la maison paternelle * ; les autres biens se partagent également.

Les filles n'ont presque rien dans la succession

* Il est possible que le droit d'aînesse consiste dans un dixième des biens, et que la maison paternelle soit prise hors part pour valeur de ce dixième ; nous n'avons pas à ce sujet de notions certaines.

du père, parce qu'on compte qu'elles seront entretenues par leurs époux. Le soin de pourvoir à leur entretien, jusqu'à ce qu'elles soient mariées, est une charge du droit d'aînesse; si elles ne peuvent trouver d'époux, on leur construit une petite maison, et on leur donne quelques terres pour subsister; que si le frère aîné ne peut suffisamment les pourvoir, la commune y supplée. Enfin une charge de la part avantageuse de l'aîné est la dépense des sacrifices à faire aux ancêtres.

Il arrive assez fréquemment que le père parvenu à un certain âge, partage son bien à ses enfans, et va s'établir chez l'un d'eux pour y être nourri et entretenu; et les autres enfans indemnisent celui qui prend cette charge.

Le père peut par son testament changer l'ordre de la succession, il peut même déshériter son fils, mais pour cet effet, il faut qu'il notifie son intention à la commune, et qu'il en soit dressé acte.

(5) Dans les achats, ventes, ou échanges, où l'on ne traite que d'objets mobiliers, un témoin suffit pour constater la convention; mais pour la disposition d'un fonds de terre ou d'une maison, il faut que l'acte soit rédigé par écrit, signé des contractans et du chef du village; si l'un des contractans ne sait pas écrire, pour suppléer à sa signature, il trempe dans l'encre l'Index, et le doigt du milieu de sa main droite, et les imprime

au bas de l'acte, ce qui en forme la reconnaissance.

Faute de payement d'une dette on saisit successivement les meubles du débiteur, ses bestiaux, ses fonds de terre, sa maison, ses enfans, sa femme qu'on fait travailler pour acquitter la dette; enfin on saisit la personne même du débiteur, que non-seulement le créancier fait travailler pour son profit, mais que même il peut maltraiter pour le forcer à découvrir les biens qu'il soupçonne qu'il récelle; le débiteur est presque entièrement livré à la discrétion de son créancier.

Quoique la propriété individuelle d'un fonds de terre, donne droit à tous les produits de cette terre, il est des communes, où après la récolte du riz, et avant que le sol soit de nouveau labouré, tout le territoire est loué au profit de la commune à des marchands de canards, qui les y font pâturer.

(6) L'instruction des procès civils est très-simple; sur la demande de la partie plaignante, le juge cite à comparaître l'homme contre lequel la demande est formée; des soldats attachés aux mandarins et préposés pour cette fonction vont prendre cet homme, lui mettent autour du col une cangue, morceau de bois dans lequel est passé le col du patient, et ils l'amènent dans cet état devant le juge; là il est entendu contradictoirement avec son adversaire. Les parties sont obli-

gées de s'expliquer par elles-mêmes sans le secours d'aucun homme de loi ni d'aucun conseil ; et si elles se servent de quelque terme injurieux l'une contre l'autre, ou peu respectueux pour le juge, elles reçoivent des coups de rotin, bois flexible dont on fait la canne, et après cette correction le jugement est prononcé.

On adjuge à la partie qui gagne son procès la restitution de ses frais, et quelquefois des dommages et intérêts; mais par l'effet des détours judiciaires, il est rare que cette adjudication fasse rentrer ce qu'on a déboursé.

(7) Les procès criminels sont suivis ou sur la poursuite de l'accusateur, ou sur la simple notion qu'a le juge de l'existence d'un délit.

Quand il ne s'agit que de délits légers, même de quelque vol, si l'objet est peu important, quelquefois l'accusé est admis à se purger de l'accusation, en allant au temple faire serment de son innocence.

Quand le délit est grave, l'instruction est régulièrement suivie, et consiste dans la représentation des pièces de conviction, dans l'audition des témoins et leur confrontation à l'accusé, et surtout dans un grand nombre d'interrogatoires qu'on lui fait subir ; si les témoins sont convaincus ou même suspects de fausseté, le juge leur fait donner des coups de rotin, et en use de même envers l'accusé, si, dans ses réponses aux interrogatoires, il ne s'explique pas avec bonne foi. Quand il est important de tirer de lui une déclaration de son crime et de ses complices, on lui fait subir la torture, qui consistait anciennement à attacher l'accusé tout nu les bras et les jambes liées en haut d'un arequier; et ensuite on le laissait couler jusqu'en bas, les nœuds de l'arbre le mettaient tout en sang, souvent le déchiraient jusqu'aux entrailles, et il expirait peu de temps après. Aujourd'hui on étend le patient par terre, on l'attache, et on lui donne sur les cuisses des coups d'un rotin garni de cuivre. Quelquefois cette torture est si cruelle que le patient en meurt, mais c'est un événement rare.

Si une fille ou une veuve accouche d'un enfant, qu'elle attribue à un homme qui se refuse à le reconnaître, et prétend qu'il n'a pas eu commerce avec elle, ou qu'elle a eu commerce avec d'autres hommes, on tire quelques goûtes de sang du corps de l'enfant, et du corps du prétendu père, et si ces goûtes de sang rapprochées l'une de l'autre se mêlent et se confondent promptement, cette analogie, est estimée preuve de paternité.

Un homme surpris dans le moment où il commet un délit qui n'est pas d'une grande importance, est arrêté par les préposés à la sûreté publique, qui s'emparent de lui, le lient, le mènent dans sa maison, y mangent a ses dépends; puis, sans autre forme de procès, lui font payer une amende. S'il veut ensuite recourir au juge, il en est le maître; mais il court risque de subir une plus grande peine.

L'instruction des procès criminels est très-dispendieuse. Lorsque le délit est de quelque gravité, surtout si c'est un homicide, un ou plusieurs mandarins se transportent sur les lieux pour y dresser des procès-verbaux, et se font suivre par quinze ou vingt suppots de justice. On porte la vérification des faits jusqu'à lever le plan du lieu où le délit a été commis; et si c'est dans la campagne, il faut y bâtir une maison pour que les mandarins l'habitent pendant qu'ils font leurs procédures, qui quelquefois durent trois semaines ou un mois. Tous ces frais sont à la charge de l'accusé, et quand sa fortune est épuisée, la commune est responsable des frais et obligée de les acquitter.

Hors des grandes villes, il n'y a point de prisons, les maisons des mandarins en servent. Et il y est pratiqué des lieux de sûreté avec des chaînes et tous les instrumens nécessaires à la garde des prisonniers.

(8) Des peines sont décernées contre tout genre de délit ou même d'inconduite, et elles sont fort graduées. Mais la graduation n'en est pas très-bien entendue; car les fautes contre les mœurs et contre la décence sont proportionnellement punies plus sévèrement que ce qui offense plus essen-

tiellement la société. Quelques peines sont laissées à l'arbitrage des juges qui les modèrent, suivant l'indulgence que peut mériter l'intention du malfaiteur.

La peine la plus légère, qui même n'en a qu'imparfaitement le caractère, c'est la cangue, qui est en même temps un moyen d'instruction dans les affaires civiles, et dont l'objet est de s'assurer d'un homme. Une peine réputée encore fort légère, ce sont les coups de rotin; les parens de l'empereur en reçoivent quelquefois publiquement, et reparaissent le lendemain à la cour. Cette voie de correction n'est pas aussi honteuse que le serait une simple réprimande, ou une censure rigoureuse prononcée par l'empereur. Le malheur de recevoir des coups se réduit à la sensation de la douleur; et si le patient est riche, il gagne l'homme qui le frappe, et l'engage à avoir la main légère.

L'amende est une peine plus redoutée; quelquefois on y est condamné pour de simples indiscrétions, deux personnes de sexe différent qui sont trouvées ensemble dans un lieu écarté, sont condamnées à une amende qui, à la vérité, est peu considérable; mais pour des délits graves, quelquefois les amendes absorbent la fortune des condamnés, et même de leur famille; car les pères sont obligés de payer pour leurs enfans, qui demeurent avec eux.

Une fille qui fait un enfant est condamnée à une amende qui monte quelquefois à la moitié des biens de son père; et, en outre, la fille, un mois après ses couches, est fouettée. Pour se soustraire à ces malheurs, lorsqu'on découvre qu'une fille est enceinte, on prie un ami de la famille de l'épouser; et il prend l'enfant sur son compte, sauf à divorcer ensuite.

Les communes sont responsables des délits commis dans l'étendue de leur territoire; et lorsqu'il s'y trouve un cadavre, l'amende prononcée contre la commune est si forte, que souvent elle entraîne la ruine de tous les habitans de cette commune, qui sont obligés de fuir et de s'expatrier. Aussi dès qu'ils découvrent un cadavre sur leur territoire, ils s'empressent de l'enterrer ou de le jeter dans des eaux courantes, qui l'emportent sur un autre territoire ou à la mer.

Quelquefois à l'amende est jointe une condamnation au bannissement, ou à netoyer les écuries des éléphans pendant un certain nombre d'années, et pendant ce temps à porter sur la poitrine des croix qui sont des signes de flétrissure.

Le vol n'a pas paru un trouble de la société assez grave, pour que la peine de mort fût prononcée; le poing coupé est la peine du voleur, à moins qu'il n'y ait récidive; le faussaire est traité de même. Mais par un contraste surprenant, les adultères sont condamnés à mort: s'ils sont pris en flagrant délit, ils sont renfermés dans un filet, portés ainsi devant le juge, et décapités ensemble.

Le meurtre est puni de mort; cependant celui de la femme par son mari, n'est puni que d'une amende, mais énorme.

La fausse accusation est punie de la peine du talion.

Les peines décernées contre les crimes ordinaires sont déterminées par un règlement connu du public; mais pour les grands crimes, et surtout pour les crimes d'état, des peines extraordinaires sont prescrites par un règlement secret, qui n'est connu que des juges de ces délits, et quelquefois encore l'empereur ou le grand conseil aggravent ces peines. C'est ainsi que l'empereur a fait écarteler par des éléphans l'usurpateur *Tay-son*, et qu'il a fait couper en morceaux des rebelles et des traîtres, et en a fait manger les corps à ses soldats.

La peine de mort est différemment infligée suivant la nature du délit, et la qualité du coupable; ordinairement le condamné est décapité dans le marché public. Si le jugement ne porte pas que le corps restera exposé pendant un certain nombre de jours, les parens le retirent et l'enterrent.

Si le condamné est un homme d'un rang considérable, on lui envoie dans la prison des cordons de soie pour qu'il s'étrangle; s'il ne se résout pas à cette expédition, on le décapite dans la prison.

Dans les délits d'un genre très-grave, les coupables avant de subir la mort sont obligés de faire une amende honorable, et de déclarer leur regret d'avoir manqué de respect aux dieux, en contrevenant à leurs saintes lois; et d'avoir scandalisé leurs concitoyens par le mauvais exemple qu'ils ont donnés; et ils doivent les exhorter à ne pas leur ressembler.

Le supplice des femmes condamnées à mort est terrible. Des éléphans les jetent en l'air, et quand elles retombent les reçoivent sur leurs dents, ou les écrasent sous leurs pieds.

La profession de bourreau n'est point déshonorante; elle est exercée dans le Tunkin par une famille Cochinchinoise, dans laquelle elle est héréditaire depuis plusieurs siècles.

(9) On compte jusqu'à cinq degrés de juridiction, dont le premier est la juridiction communale, qui juge en dernier ressort de l'exécution des règlements qu'elle a droit de faire, et qui sont des règlemens de police; sur les autres objets, on appelle de cette juridiction à un bailliage qui est juge d'appel de trois communes. Du bailliage, on appelle à un tribunal d'arrondissement, qui comprend dans sa juridiction trois bailliages; de ce tribunal au gouvernement de la province;

du gouvernement au conseil du roi; mais il est bien rare qu'on puisse suivre tous ces degrés de juridiction, parce qu'à chaque degré il faut faire des présents aux juges; et à chacun de ces degrés, si l'on est jugé avoir tort, ou même si l'on se sert dans la discussion d'expressions irrégulières, on est condamné à recevoir des coups de rotin.

Le tribunal de la commune forme un jury, composé de tous les habitans de la commune, ayant l'âge qui donne droit de suffrage; le jugement doit être rendu conformément à la pluralité des voix; mais il est d'usage que le sindic prononce le jugement sans compter les voix, et d'après ce qu'il estime être la pluralité; ce qui lui donne une grande autorité.

Les tribunaux supérieurs jusqu'au grand conseil, ne sont composés que de deux mandarins: l'un militaire, l'autre lettré, et d'assesseurs qui n'ont que voix consultative. Au conseil d'état un grand nombre de personnes est appelé à prendre séance, l'empereur seul juge.

Nulle condamnation à mort ne peut être mise à exécution, qu'elle n'ait été confirmée par le grand conseil de l'empereur; mais quand le mandarin en veut à un accusé, il lui fait donner des coups d'un rotin garni de cuivre avec une telle violence, que le patient en meurt.

Lors des mouvemens populaires, les mandarins pour contenir le peuple, ou pour l'appaiser, se permettent de faire exécuter les condamnations aussitôt qu'elles sont prononcées, et quelquefois ils abusent de ce prétexte.

En temps de guerre, un conseil militaire juge à mort l'homme de guerre et le citoyen, et fait sur-le-champ exécuter son jugement.

(10) Quoique la plupart de ces institutions soient sages et bien conçues, il s'en faut beaucoup que la justice soit régulièrement administrée, et que le droit soit assuré, parce que les magistrats sont fort corrompus. Non-seulement ils reçoivent ostensiblement des présents, qui sont considérés comme un droit de juridiction; mais par des voies détournées et des personnes interposées, on leur fait passer des sommes plus ou moins considérables suivant le genre de faveur auquel on prétend; et il est rare que par l'argent on ne puisse obtenir l'impunité des crimes. Il est dans les provinces des tribunaux qui sont autorisés à connaître des malversations des mandarins; et quiconque a sujet de s'en plaindre a droit de s'y pourvoir; mais ces tribunaux ne sont pas plus que les autres à l'abri de la séduction et de la corruption. Les législateurs Tunkinois ont reconnu et déploré cette dépravation désorganisatrice de l'ordre social; mais n'ont point pris des moyens efficaces pour y remédier.

(11) Quant à la surveillance de la sûreté publique, en général, elle est assez bien établie;

cependant fort inégalement dans les divers états de l'empereur, et dans les diverses communes d'une même province. Ce sont les communes qui sont chargées directement du maintien de la police ; et dans chacune d'elles des jeunes gens sont préposés à la garde des fruits de la terre, et à la sûreté des maisons, ils reçoivent pour cette garde une rétribution de chaque propriétaire proportionnée à l'étendue de sa propriété ; et s'il est fait un vol, soit de jour, soit de nuit, ils sont obligés d'indemniser la personne volée.

Quelques communes ont fait sur la police des réglemens si sages, et en surveillent l'exécution avec tant d'attention, que dans l'étendue de leur territoire regne le plus grand ordre ; un homme n'ose entrer dans la maison d'une femme mariée en l'absence de son mari, ni même dans la maison de qui que ce soit sans en avoir auparavant obtenu la permission du maître. Toute propriété est en sûreté ; et on ne touche pas plus aux fruits des arbres plantés sur les grands chemins, qu'à ceux des arbres renfermés dans les jardins.

Avant que les guerres civiles eussent altéré les mœurs, et familiarisé avec la violence et le crime, il était très-rare qu'il fut commis un vol de quelque importance, et bien plus encore qu'il fut commis un meurte. Encore aujourd'hui, il est dans le Tunkin et dans la Cochinchine des cantons, où depuis nombre d'années, il n'a été commis par les nationaux aucun délit grave, et quoique des peines capitales soient prononcées contre nombre de délits, on estime que dans les temps ordinaires, il ne périt pas par an dans tout le Tunkin, plus de vingt ou trente personnes par ordonnance de justice.

CHAPITRE III.

Finance.

(1) Lorsque le sort des peuples n'est pas troublé par des famines, ou par des guerres, le fléau qu'ils ont le plus à redouter est la finance; et aujourd'hui sur presque toute la surface du globe il existe une lutte continuelle entre la propriété publique, et la propriété privée, une guerre fiscale sans paix et sans trêve entre les gouvernemens et les peuples, pour déterminer quels sacrifices doit l'individu à la protection et à la sûreté qu'il obtient.

Il a été un temps où le Tunkin et la Cochinchine étaient affranchis de tout impôt; et il était pourvu aux charges de l'état par le produit des domaines royaux; une grande partie de ces domaines a été concédée aux communes, mais le restant donne encore des produits considérables; et le riz, qui en provient, est enfermé dans de vastes magasins pour servir à la nourriture des troupes, et être vendu au peuple dans les temps de disette. Ces produits étant insuffisans pour subvenir aux besoins de l'état, il a été nécessaire d'y pourvoir par des contributions; d'abord elles ont été volontaires, car ces offrandes patriotiques, par lesquelles se sont illustrés quelques républiques, quoique plus rares dans les états despotiques, n'y sont pas absolument étrangères. Mais aujourd'hui, sauf les momens de crise et des événemens extraordinaires, elles sont tombées en désuétude. Depuis que les frais de gouvernement sont plus dispendieux, et que les gens de guerre sont soldés; depuis que les princes ont abusé de la générosité de leurs sujets; depuis que l'intérêt individuel a prévalu sur l'intérêt public, il est devenu indispensable que la puissance publique fixe l'étendue des contributions; c'est le sort de tous les états, et c'est celui du Tunkin.

(2) On y perçoit presque tous les impôts établis en Europe; et il en est quatre princi-

paux, impôt personnel, impôt territorial, des fournitures en nature et des corvées, le service militaire et l'entretien des gens de guerre. Il est en outre des droits perçus sur le commerce; des fournitures exigées dans les lieux où passe l'empereur, des services sans solde auxquels est assujetie l'industrie.

L'impôt personnel est aujourd'hui à un taux extrêmement onéreux; il s'élève jusqu'à deux ligatures par tête, ce qui revient à la valeur d'une piastre; mais il y a quelque modération de ce taux dans quelques parties des états de l'empereur. L'homme âgé de dix-huit ans est assujetti à cet impôt jusqu'à cinquante ans; de cinquante à soixante ans il ne paye plus que la moitié de l'impôt; au dessus de soixante ans, il en est affranchi; les femmes et les filles n'y sont point sujettes, mais les veuves le payent; les royaux en sont exempts. Les enfans des mandarins soit par concession du prince, soit par extension frauduleuse de l'exemption, y sont presque toujours soustraits; d'ailleurs ils acquièrent presque toujours un droit à cette exemption, parce qu'à cet âge ils prennent le parti des armes, ou font leurs études, fonctions auxquelles l'exemption de cet impôt est attribuée. Les mandarins populaires ne sont pas exemptés par la loi; mais comme ce sont ceux qui répartissent les impôts, ils trouvent presque toujours le moyen de s'exempter.

Tous les ans le gouvernement fixe le montant de cet impôt d'après des dénombremens qui sont remis par les communes, mais qui sont inférieurs à l'état réel de la population, et presque toujours ce ne sont que des copies des précédens. Le gouvernement n'ignore pas cette fraude, mais la tolère, parce qu'elle est devenue indispensable pour alléger un impôt si onéreux ; ainsi le gouvernement induit au mensonge, et le récompense par la tolérance ; les mandarins ne sont pas fâchés de ce régime désordonné, parce que le droit qu'ils ont de forcer à des déclarations plus justes met les communes dans leur dépendance.

Tous les contribuables sont taxés à un taux égal sans considération pour l'inégalité des fortunes; mais dans la répartition qu'en font les chefs de la commune, ils ont égard à cette inégalité.

(3) L'impôt territorial porte sur toutes les terres productives, les maisons et les jardins exceptés. Cette contribution est graduée suivant la qualité des terres, qui sont cadastrées en trois classes. On estime que cet impôt monte à quatre pour cent du produit brut, ce qui revient à huit pour cent du produit net, parce qu'on afferme les terres a moitié de la récolte pour le propriétaire du sol.

Les terres domaniales que possèdent les communes par concession du gouvernement, sont grèvées d'un impôt double de celui des terres patrimoniales. Comme cet impôt porte principalement sur les rizières, il se lève aux mois d'Avril et d'Octobre, temps de la récolte du riz.

Le conseil d'état répartit les impôts entre les provinces: les gouverneurs des provinces en font la répartition entre les bailliages, dont le nombre est inégal dans les diverses provinces. Il est au moins de douze, au plus de trente-deux. Les bailliages répartissent entre les départemens; les départemens entre les toparchies, qui sont composées au moins de deux aldées, et au plus de douze. Ces divisions, qui ne sont pas les mêmes que celles admises pour l'administration de la justice, sont solidaires, et garantissent au gouvernement le recouvrement de cet impôt. Dans l'intérieur des communes, la répartition des impôts se fait par des chefs élus par la commune, et qui jouissent pendant leur administration et même plus longtemps de l'affranchissement de la totalité, ou du moins d'une partie des impôts dont ils font la répartition.

(4) La fourniture des matériaux pour la construction et l'entretien des forteresses, des ponts, des grandes routes, jointe aux travaux nécessaires pour l'extraction, le transport et l'emploi de ces matériaux, est une charge encore plus onéreuse que les contributions pécuniaires, et est fort aggravée depuis un temps par le grand

nombre de forteresses et d'ouvrages publics que fait construire l'empereur.

Actuellement chaque corvéable est obligé de fournir une pierre de taille, une charge de bois à brûler, une quantité correspondante de fer, d'huile, de chaux, de charbon; et il doit mettre en œuvre ces matériaux, ou solder un homme qui fasse pour lui ce travail.

Cette forme de contribution fait le malheur des peuples, d'abord parce qu'elle est injuste, en ce qu'elle pèse également sur le pauvre et sur le riche; de plus elle donne lieu à une multitude de vexations; on force les contribuables à aller chercher les matériaux qu'ils doivent fournir à une grande distance, et dans des lieux d'un accès difficile et dangereux; souvent les matériaux qu'ils fournissent étant rejettés comme défectueux, ils sont forcés d'en acheter l'admission par des présents aux préposés, ou d'en livrer une plus grande quantité pour en compenser la qualité; et alors les préposés revendent comme valables les mêmes matériaux qui n'ont pas été admis. L'artifice fiscal invente encore nombre d'autres manœuvres. Le plus souvent les mandarins ferment les yeux sur ces vexations, et même les protégent, parce qu'ils sont intéressés aux profits qu'elles donnent. Si les abus deviennent trop crians, si les plaintes par leur généralité font grande sensation, le mandarin fait arrêter quelques-uns des préposés les plus inculpés, les condamne et les fait exécuter, sans leur faire subir interrogatoire, de crainte d'être inculpé par leurs déclarations; et cette précipitation du jugement et de son exécution est excusée par la nécessité de faire cesser promptement les plaintes du peuple.

Les mandarins populaires sont chargés de surveiller la fourniture des matériaux pour les ouvrages publics, et les travaux pour leur confection. Quand ces ouvrages sont en retard, les mandarins royaux font subir aux mandarins populaires la peine du *rotin*, ou les font mettre à la cangue; ceux-ci dans cet état vont presser le payement, et le travail, et battent les chefs élus par les villages; ceux-ci battent les contribuables; les contribuables battent leurs femmes et leurs enfans; et à force de coups, et par une gradation de mauvais traitemens il est satisfait aux charges de l'état.

Ces mêmes moyens de contrainte sont employés pour le recouvrement des contributions en argent, et ne sont pas les seuls; on y joint tous les genres d'exécution mis en usage pour le payement des dettes, saisie des bestiaux, saisie des enfans et des femmes, saisie de la personne des contribuables. Quand les bestiaux sont saisis et vendus il est permis de les racheter; mais ce rachat est toujours à un prix fort supérieur, à celui de la vente forcée. Quand le contribuable est en prison le gouvernement ne le nourrit pas; il faut que sa famille lui apporte des alimens; si elle y manque, il n'a de ressource que de faire faire une quête par quelqu'un des soldats qui le gardent; et il est presque sans exemple que la compassion qui est un sentiment général chez les Tunkinois ne vienne pas à son secours, mais ordinairement le soldat quêteur fait pour ses soins un prélèvement exhorbitant sur ces aumônes.

Il est encore une contribution particulière fort grêveuse pour ceux qui y sont assujetis. L'empereur fait annuellement un voyage de *Phuxuan*, capitale de la haute Cochinchine où il a établi sa résidence, à *Bac-kinh* capitale du Tunkin. Les communes qui sont sur cette route sont obligées de fournir pour l'empereur et pour sa suite qui est une petite armée, toutes les subsistances nécessaires; en outre de bâtir, d'entretenir de fournir de meubles, des maisons de quatre lieues en quatre lieues pour le dîner et le coucher de l'empereur; et à chaque fois que l'empereur y a passé les meubles disparaissent, et il faut remeubler la maison à neuf.

(5) L'assujetissement au service militaire commence à dix-huit ans, et finit à cinquante; on prolonge ainsi le temps de ce service afin d'a-

voir des hommes accoutumés à la vie militaire, à ses fatigues, à ses dangers.

Dans le Tunkin l'empereur lève le septième homme; dans la Cochinchine il lève le troisième; chaque commune doit pourvoir à l'habillement, à l'équipement, à la solde de l'homme qu'elle fournit, ce qui est une contribution très-onéreuse, ainsi que nous le verrons en traitant du service militaire. L'empereur vient au secours des communes de la Cochinchine, qui, attendu le nombre d'hommes qu'elles fournissent, seraient dans l'impossibilité de subvenir à cette charge. Si le soldat commet quelque délit, la commune en est responsable; s'il déserte ou s'il meurt, elle est obligée de le remplacer, et par cette raison elle choisit les soldats qu'elle fournit dans les familles les plus riches, parce que ces familles la garantissent de sa responsibilité.

Lorsqu'un soldat est parvenu par ses services au grade d'officier, il cesse d'être à la charge de la commune, et il est soldé par l'empereur; mais lorsqu'il revient dans sa commune, elle est obligée de lui bâtir une maison, et de faire des sacrifices aux dieux, pour les remercier de lui avoir conféré l'honneur d'avoir produit un si brave homme.

(6) Le commerce extérieur n'est grêvé de droits qu'à l'importation, l'exportation en est affranchie, et est libre à l'exception de quel-

ques marchandises dont la sortie est prohibée; telles par exemple que le riz, sauf l'approvisionnement des équipages des vaisseaux. Ce système de taxation est absolument contraire à celui adopté originairement par presque toutes les nations européennes, qui grêvaient de forts droits l'exportation, parce qu'elles croyaient y voir une perte; et elles ne taxaient point ou taxaient faiblement l'importation, parce qu'elles croyaient y voir un gain; mais cette nation-ci a suivi l'impulsion que lui a donnée l'état de ses possessions; ayant peu besoin de l'étranger, elle s'est permis de taxer l'introduction de ses marchandises; ayant beaucoup d'objets superflus ou dont elle ne sait pas tirer parti, elle n'en a point gêné le débouché.

Le droit sur l'importation est de dix pour cent, réglés suivant un ancien tarif, depuis lequel la valeur des marchandises est augmentée et a varié, et par une grande impéritie ce droit est le même sur toutes les marchandises sans distinction de l'utilité ou de l'inconvénient de leur importation.

(7) Il est aussi des douanes établies dans l'intérieur de l'état sur le transport par eau des marchandises, d'une province à une autre.

Vers le commencement du 18ème siècle le gouvernement a conçu l'idée de monopoliser le sel, et de le vendre à un haut prix, projet qui a excité un grand mécontentement; et avec juste sujet, car un tel impôt est nuisible, en ce qu'il restreint la consommation d'une denrée essentiellement utile à la santé de l'homme et des animaux; et il est injuste, parce qu'il est gradué non en proportion des facultés, mais en proportion des besoins. La résistance qu'a éprouvée le gouvernement a forcé à laisser le sel marchand et affranchi de toute taxe.

(7) Les impôts peuvent dans ce pays avoir une grande extension; parce que la fécondité du sol, et la facilité d'obtenir des subsistances laissent une grande masse de produit susceptible d'être prélevée pour l'utilité générale; cependant la masse des impôts établis doit être jugée exhorbitante si l'on considère le prélèvement énorme qu'elle opère sur les produits du sol et de l'industrie, à quoi il faut ajouter encore l'inégalité de la taxe des communes et l'inégalité de la répartition dans ces communes; il en est où les impôts ont été portés à un tel taux, que pour s'y soustraire une partie de leurs habitans a déserté et passé dans d'autres communes. Le montant de ces contributions était, autrefois beaucoup plus modéré; mais depuis que les guerres intestines les ont fait exaucer, elles sont restées à ce taux exhorbitant; on prétend même, peut-être par une suite de la prévention que la finance excite dans presque tous les pays, que le gouvernement du Tunkin a secretement adopté le systême de grêver

le peuple de forts impôts, afin de le rendre plus dépendant; et de le forcer au travail quelque fuit son indolence; mais nous avons vu dans les dépenses actuelles du gouvernement des motifs plus justes de la force des impôts. Au reste, quel qu'en soit le véritable motif, ils sont, comme nous l'avons observé, moins nuisibles par leur excès que par les vices de leur nature, de leur répartition, de leur recouvrement; et ces désordres plus au moins marqués dans diverses provinces et dans divers départemens y forment une mesure de la misère des peuples.

CHAPITRE IV.

Force Militaire.

(1) De tout temps l'entretien d'une grande force militaire a été l'objet principal de l'attention du gouvernement Tunkinois; et l'art de l'homicide est cultivé par les nations même qui négligent les autres arts; mais comme il est le résultat de nombre de notions scientifiques et industrielles, il se met presque toujours à leur niveau, et en suit les progrès. Aussi ce n'est que depuis que le Tunkin a été instruit par l'Europe qu'il a des armées régulièrement constituées; cependant même avant la refonte du système militaire, on donnait les plus grands soins à la formation des gens de guerre; des exercices publics étaient établis, et des prix étaient donnés aux soldats qui montraient le plus de force et de dextérité dans le maniement des

armes, le plus de constance à supporter la fatigue et la douleur; et pour être officier, il fallait faire preuve d'habileté dans les opérations militaires. Mais ces notions, les armes, la constitution militaire, la tactique étaient très-défectueuses.

Les armes consistaient en des piques, des hallebardes, des sabres, un bâton double, des fusils à mèche, quelques mauvaises pièces de campagne. La plupart des montagnards ne faisaient usage que des flèches, et ordinairement les empoisonnaient.

La disposition des troupes sur les champs de bataille était insensée et ridicule. On laissait entre les corps de troupes de grands intervalles, afin de donner passage aux flèches, aux balles, et aux boulets. On plaçait dans les rangs un grand nombre de porte-étendards, pour faire montre d'une plus grande force; et ainsi pour tromper l'ennemi, que cependant on ne trompait pas, on diminuait le nombre des combattans. Avant la bataille, ou pendant les marches de l'armée, des braves attaquaient seuls des corps de 40 ou 50 hommes, en tuaient une partie, forçaient l'autre à prendre la fuite. Ces braves formés par un long exercice aux manœuvres de la petite guerre, s'élancaient sur l'ennemi par des mouvemens rapides, et des sauts prodigieux; et après qu'ils l'avaient frappé, s'éloignaient aussi rapidement, et se mettaient hors d'atteinte. Leur arme était une espèce de faux; ordinairement ils combattaient montés sur un cheval formé à ce genre de combat. Le cavalier suivant ce qu'exigeait son attaque, se précipitait en bas de son cheval, et y remontait avec la plus grande promptitude.

La manœuvre dans les batailles était bien mal combinée, et la victoire n'était pas long-temps disputée. Les troupes marchaient à l'ennemi avec de grands cris; faisaient leur décharge, puis mettaient ventre à terre, jusqu'à ce que l'ennemi eut fait la sienne; lorsque les armées en venaient aux mains, dès les premiers momens de la mêlée, celle des deux qui voyait l'autre tenir ferme, prenait la fuite; ce n'était plus qu'une déroute, et on n'avait qu'à tuer des fuyards. Le plus souvent c'était aux éléphans qu'on devait la victoire; ces animaux se jetaient avec impétuosité sur un bataillon, et le rompaient; d'un seul coup de trompe ils tuaient une file de soldats. Loin que les coups, qu'on leur portait, les intimidassent, ils ne servaient qu'à les animer, et à les rendre furieux. L'arme blanche ne les perce pas, et la balle de fusil ne les tue que quand elle les frappe au milieu du front un peu au dessus des yeux; ceux de ces animaux qui combattaient avec le plus de courage obtenaient des prérogatives, des titres, des dignités, des décorations, qui consistaient principalement à avoir leurs cornes dorées. Mais dans l'état actuel la plupart de ces moyens de guerre sont affaiblis et disparus.

(2) En 1806, le pied militaire, temps de paix, était de 150,000 hommes. Toutes les troupes étaient nationales, à l'exception d'un régiment Siamois nouvellement incorporé dans l'armée. En temps de guerre la force de l'armée est proportionnée aux entreprises; dans les guerres civiles on contraint tout ce qui est en état de porter les armes à les prendre; et en l'année 1800, où l'empereur actuel n'était encore que roi de la Cochinchine, et même n'était pas en possession de tout cet état, il avait une armée de 139,400 hommes.

Quoiqu'il y ait de grandes plaintes sur le nombre de troupes qu'entretient l'empereur depuis qu'il est en paix, il ne paraît pas que son pied militaire, temps de paix, soit plus fort qu'il n'était sous ses prédécesseurs, proportion gardée du nombre de leurs sujets. Car on assure que le Tunkin, temps de paix, fournissait une armée de cent quarante mille hommes. Si l'enrôlement actuel se bornait au nombre d'hommes qui composent l'armée, cette contribution ne serait pas excessive; car même en supposant que cette armée fût levée seulement sur le Tunkin et la Cochinchine, elle ne formerait qu'environ le 133ème de la population; et suivant une opinion généralement accréditée, un état peut, sans se nuire, tenir habituellement sous les armes, le centième de sa population. (*) Mais dans la réalité la contribution au service est beaucoup plus forte, que le nombre d'hommes qui composent l'armée.

Si les ordonnances étaient strictement exécutées, le Tunkin devrait fournir le septième homme en état de porter les armes, et la Cochinchine le troisième ; mais les communes ne déclarent point tous leurs hommes ; les mandarins séduits n'astreignent pas au service le nombre d'hommes déclarés ; des hommes destinés au service militaire, un assez grand nombre est employé au service personnel des mandarins, d'autres à l'exécution des mandats de justice ; d'autres moyennant une rétribution secrète, obtiennent de ne comparaître que le jour de l'appel. Les nouveaux soldats sont pendant deux ans distribués dans la ville capitale de leur province pour la garde du gouverneur, ou dans des villes fortes, ou dans des ports de mer, ou sur les grands chemins pour veiller à leur sûreté ; là ils

(*) C'est une opinion généralement reçue, qu'un état ne peut, sans se nuire, avoir habituellement un pied militaire plus fort que le centième de sa population ; mais c'est une opinion qui manque de précision, car la force du pied militaire est plus ou moins nuisible, selon que le soldat est plus ou moins rigoureusement tenu sous le drapeau, séquestré de la société, et retenu dans le célibat.

sont instruits de leur profession, et ce n'est qu'après cet apprentissage militaire, qu'ils sont enrégimentés.

(3) La force militaire est partagée en six armées; la première qui est la moins nombreuse, compose la maison militaire de l'empereur, et forme sa garde. Quatre armées sont commandées chacune par un des quatre grands mandarins qu'on nomme colonnes de l'état. La sixième qui est la plus nombreuse, est commandée par un grand mandarin, particulièrement nommé par l'empereur.

Ces armées sont divisées en cinq corps, le premier, résidant auprès du grand mandarin, qui en est le général, constitue sa maison militaire; les quatre autres corps ont pour généraux des mandarins du second ordre, et sont formées de régimens commandés par un colonel et un sous-colonel. Chaque régiment est composé de douze compagnies de 50 ou 60 hommes, commandés par un capitaine et un sous-capitaine. Les soldats sont classés par chambrées de dix hommes, commandées par un premier et un second soldat. On compte sept grades de mandarins militaires, dont le capitaine et sous-capitaine forment le dernier.

L'armée n'est composée que d'infanterie, et il n'y a de chevaux que pour l'usage personnel des mandarins, ou pour porter leurs ordres. Les éléphans qui faisaient anciennement la force principale des armées ne sont plus de la même importance, depuis que les armes à feu sont d'un usage plus général, qu'elles sont meilleures, et qu'on sait mieux s'en servir; depuis surtout qu'on fait usage du canon. Souvent dans les combats actuels, les éléphans font plus de mal à ceux qui les employent, qu'à ceux contre qui ils sont employés; le grand bruit, l'éclat du feu, la douleur des coups qu'ils reçoivent, leur font prendre la fuite; et ils rompent, renversent et écrasent les troupes qu'ils devraient soutenir. Aujourd'hui leur emploi dans le service des armées se borne au transport des bagages et des instrumens de guerre, et il est rare qu'on les fasse combattre; cependant l'empereur a encore cinq cent éléphans, dont la plupart sont dressés pour la guerre; et par une suite de l'ancien usage, ces animaux jouissent encore des distinctions qui leur étaient accordées.

(4) Chaque grand mandarin est maître absolu dans son armée; il présente aux emplois, et il y est pourvu sur sa présentation par le conseil; il décide de l'avancement des officiers; peut leur faire subir telle peine qu'il juge à propos, même les condamner à mort sans conseil de guerre. Il est facile de concevoir combien cette toute puissance des généraux sur leurs armées est dangereuse, et leur donne des facilités pour en disposer à leur volonté, et les faire révolter contre le souverain.

Avant l'empereur actuel, à la tête des troupes étaient des eunuques sans courage, sans talent pour la guerre, sans expérience, parvenus à des grades éminens par des intrigues de cour. Aujourd'hui il n'y a plus qu'un eunuque qui soit géneral; c'est un homme d'une grande capacité, reconnu par tous les généraux comme le plus habile d'entr'eux, et chéri et vénéré du peuple à raison de ses grands talens, et de sa grande humanité.

Le soldat en temps de paix n'est tenu d'être à son corps que pendant huit mois; et peut passer les quatre autres mois dans sa famille, et vaquer à ses travaux. Mais sur cet article, souvent il éprouve injustice, il ne parvient point au grade d'officier par ancienneté; mais il y peut être promu pour récompense de quelque action valeureuse et brillante. Cependant avant l'empereur actuel presque toujours la faveur obtenait ce qui était dû au mérite; et même il n'était pas rare que cette faveur fut achetée; il faut cependant que dans le brévet d'officier, il soit fait mention d'une belle action; mais les mensonges obligeans ne sont pas plus rares dans ce pays que dans les autres.

(5) La ration du soldat consiste en une écuelle et demi de riz par jour, ce qui revient à peu près à ce que peuvent contenir cinq ou six de nos tasses à café. Cette ration est fournie par l'empereur. La solde et le vêtement sont à la charge des com-

munes. La solde varie selon la richesse de la commune, les moyens personnels du soldat, et les besoins qu'il peut avoir de secours.

La moindre est de deux ligatures par mois, la plus forte est de six, ce qui fait une solde par an au moins de soixante livres tournois, au plus de cent quatre-vingt (*), inégalité qui peut n'être pas sans inconvénient.

Le soldat est habillé deux fois par an, aux dépens de la commune; son vêtement consiste d'abord en un gillet qui est porté sur la peau, et qui est d'étoffe grossière, coton ou soie; sur ce gillet en est un autre uniforme de grosse toile, ou de gros drap qu'on tire de la Chine, et qui vraisemblablement vient d'Europe. Ce gillet qui est à grandes manches, prend autour du col et va jusqu'à la ceinture, où est placé un caleçon qui descend jusqu'à mi-jambe; la jambe et le pied sont nus. Pour coëffure, un chapeau rond en forme de cône, paré d'une aigrette de plume de coq ou de poule. Ce chapeau est de paille ou de bambou tressé, vernissé, et impénétrable à la pluie, il est surmonté d'un morceau d'étoffe, de coton ou de soie, de quinze à vingt pieds de long, qui par

(*) Cette solde, eu égard au bon marché des denrées, est si forte qu'il est à craindre qu'il n'y ait quelque inexactitude dans les renseignemens donnés sur cet article.

ses contours sur la tête, résiste aux coups de sabre.

Tous ces vêtemens excepté le gillet de dessous sont uniformes, et de la couleur nationale, qui est le rouge, avec quelques marques distinctives pour chaque régiment. Le soldat porte, attachés à son col, deux petits sachets, dans l'un desquels est du bétel et de l'areque, et dans l'autre du tabac. En outre, il porte en bandoulière un sorc, dans lequel il enferme quelques nippes et son argent; et quand il est en marche dans des routes où la subsistance ne peut lui être livrée à chaque station, il porte une provision de riz pour six ou sept jours.

(6) L'empereur fournit les armes, qui sont un fusil, une baïonnette, un sabre, une longue pique, une hache; et un bâton double, formé de deux bâtons égaux d'un bois très-dur, attachés l'un à l'autre, par un des bouts, au moyen d'un faisceau de cheveux inséré dans leur intérieur. C'est une des armes les plus terribles: Quand on sait bien s'en servir, par le mouvement rapide qui lui est donné, elle brise les sabres et les piques, et pare les coups des balles de fusil.

(7) L'armement et la manœuvre sont fort améliorés. On a acheté des Anglais et des Français des fusils à batterie et à baïonnette. Actuellement presque toutes les troupes Tunkinoises

en sont pourvues, et les fusils à mèche sont devenus très-rares. L'empereur a aussi approvisionné son armée de canons européens, bien meilleurs que ceux du pays. Dans des arsenaux, placés à l'abri des entreprises, auxquelles pourraient se porter des troupes d'hommes mal-intentionnés, sont déposées des armes bien tenues, et en très-grande quantité.

Les instrumens militaires sont des tambours semblables à ceux d'Europe, auxquels on joint des tambours de basque, des fifres, diverses espèces de hautbois, des cimbales, deux morceaux de bois sonore qu'on frappe l'un contre l'autre. Cette musique militaire n'est pas fort agréable, mais est bruyante, et marque la marche avec assez de précision.

La poudre à canon est mieux fabriquée qu'elle ne l'était, mais est encore inférieure à celle d'Europe; elle s'enflamme moins promptement, et a moins d'explosion.

Les officiers dirigent et commandent les évolutions avec de petits étendards, dont la position et la direction notifient les ordres. Mais dans le combat, les officiers ne sont point à la tête de leurs troupes, le capitaine est à la suite de sa compagnie, le colonel à la suite de son régiment.

Du reste l'exercice, le campement, le placement en bataille, l'action dans le combat, tout est dirigé suivant les principes européens, sans toutefois que le maniement des armes soit exécuté ni avec la même dextérité, ni avec la même célérité; on prend beaucoup plus de temps pour le chargement du fusil; on ne tire point avec justesse; on ne sait pas bien pointer le canon.

Dans les dernières batailles, qui ont été livrées, on a fait usage de l'artillerie volante, qui a produit un effet prodigieux, les nationaux en ont conçu le plus grand effroi; ils disent que c'est un tonnerre qu'on mène par la bride, et un instrument de destruction irrésistible.

Le système de fortification d'Europe a été suivi dans la construction des nouvelles places fortes, et les a rendues imprenables, lorsqu'elles sont assiégées par les gens du pays.

(8) La guerre dans ce pays entraîne ordinairement une grande dévastation, et de grandes cruautés; cependant il y a eu des exemples de généraux qui ont établi une telle discipline, que jamais elle n'a été plus exactement observée en Europe; on a vu, dans le cours de la même guerre, une armée qui marchait dans le Tunkin pour y combattre les Chinois qui y avaient pénétré, commettre dans sa marche des pillages, des violences, des atrocités sans nombre, enlever tous les hommes en état de porter les armes, les forcer à se joindre à elle, ou les massacrer, ne laisser aux

vieillards, aux femmes, aux enfans aucun moyen de subsistance, et brûler les maisons des habitans qui n'avaient pas approvisionné l'armée, ou qui avaient fui. Un peu auparavant, une autre armée venant assiéger le roi de Cochinchine dans sa capitale, avait observé un tel ordre que le soldat ne pouvait rien obtenir de l'habitant qu'en payant à la juste valeur, et même il n'osait entrer dans sa maison sans son consentement; les hommes armés faisaient seuls la guerre; l'habitant n'était que spectateur, chargé de contribuer à l'approvisionnement de l'armée, mais payé pour la plus grande partie de ses fournitures; et ses obligations se bornaient à reconnaître pour souverain, celui que la victoire couronnait.

(9) L'armée navale est constituée comme l'armée de terre. Les matelots sont soldats, et leur armement ne diffère qu'en ce que leurs piques sont plus longues. La force navale était beaucoup plus importante, quand les états qui reconnaissent aujourd'hui un même souverain, étaient sous la domination de plusieurs; comme ces états sont situés le long d'un golphe, une côte peut facilement attaquer l'autre, et la voye de mer est beaucoup plus courte que celle de terre. Le roi de Cochinchine quand il combattait contre les rebelles, quoiqu'il ne fût en possession que de quelques provinces, a eu jusqu'à 200 galères et 25 frégates

armées de dix canons, outre un canon à l'avant et un à l'arrière.

On a diminué le nombre de ces bâtimens, mais on en a rectifié l'architecture, cependant par degrés ; d'abord la réforme n'a porté que sur la partie inférieure, et ensuite sur la partie supérieure, et sur la mâture. On a aussi des barques de guerre, qui portent 50 hommes, et des chaloupes canonnières, qui en portent 25, et qui ont une petite coulevrine à l'avant. Les bâtimens qui remplacent les galères, sont plus grands et mieux coupés ; ils sont armés de 12 à 20 canons, depuis 6 jusqu'à 12 livres de balle. En outre, la flotte a été renforcée par des vaisseaux achetés des Européens.

Depuis que l'empereur est en paix, et a réuni sous sa domination les états maritimes qui s'attaquaient, il a négligé sa marine, qui lui est devenue moins nécessaire ; les deux tiers des soldats qui y servaient, ont été réformés et incorporés dans les troupes de terre ; on n'a plus acheté de vaisseaux de l'étranger, et on en a peu construit. Trois vaisseaux, les seuls conservés de ceux anciennement achetés, restent inutiles, et échoués dans la vase ; 200 anciens bâtimens de guerre ne sont employés qu'à des transports de bois, de denrées, de marchandises qui sont le produit des impôts levés en nature, et sont destinés aux ouvrages, qu'a fait faire le gouvernement.

Quoiqu'on ne connaisse encore qu'imparfaitement la construction des bâtimens de mer, on est bien moins avancé encore dans l'art de la manœuvre; elle est faite par des soldats enrégimentés, et dirigée par des officiers dépourvus de toutes les connaissances élémentaires de la marine; et tant que les gens de mer ne seront pas plus instruits, tant qu'ils ne feront pas usage de la boussole, on ne poura en tirer un grand parti, ni pour la navigation, ni pour les combats maritimes.

Cependant ce qui peut rendre cette marine très-formidable, ce sont des fusées grosses comme le bras, qui contiennent un feu semblable au feu grégeois, et qui brûle les barques et navires; l'eau sous laquelle il agit, au lieu de l'éteindre l'anime; et son action ne peut-être arrêtée, qu'en l'étouffant dans de la terre; on fait aussi usage de ce feu sur terre; mais il y est beaucoup moins dangereux parce qu'il est plus facile d'y remédier.

CHAPITRE V.

Religion.

(1) Si les lois politiques et civiles donnent à l'homme des qualités et un caractère distinctif, la religion peut agir sur lui bien plus puissamment encore ; car tandis que la puissance temporelle ne connaît que les actions, et n'a empiré que sur elles, la religion pénétrant jusqu'aux principes de l'action, commande à la pensée, au sentiment, à la volonté. Lorsqu'elle est dans toute son énergie, par une révolution prodigieuse dans l'ordre des choses humaines, elle ôte aux maux dont la vie est assiégée leur amertume ; y fait voir l'expiation des fautes, et le prix d'une félicité indestructible, et autant que l'admet la sensibilité humaine, elle fait disparaître de la surface de la terre la sensation du malheur. Dans le caractère

de la religion on reconnaît le caractère de ses sectateurs, et lorsque la religion est l'ouvrage de l'homme, par ce qu'est l'homme, on découvre pourquoi la religion est telle; car l'homme qui se crée un dieu, le forme à sa propre image.

(2) Ce sont ces divers genres d'influence que nous devons observer dans la religion du Tunkin (*), influence du dogme par le joug qu'il im-

---

(*) Si l'on classifie les habitans de la terre par rapport à leur religion, on voit avec douleur combien d'hommes sont dans l'ignorance et dans l'erreur. Sur environ un milliard d'habitans que peut avoir la terre, on peut compter nations ou hordes sans religion, éparses dans l'Asie, l'Afrique, l'Amérique, 30 millions; dans l'idolâtrie, ou le polythéisme partie de l'Asie, de l'Afrique, de l'Amérique, et quelques petites hordes au nord de l'Europe, 200 millions; chamisme, bramisme, lamisme partie de l'Asie, 160 millions; religion de Zoroastre, partie de la Perse, etc. cinq millions; religion de Confutzée, partie de la Chine, et de la presqu'isle de l'Inde au delà du Gange, 15 millions; Judaïsme répandu en Europe, dans l'Inde et dans l'Afrique, 20 millions; Christianisme presque toute l'Europe, grande partie de l'Amérique, quelques parties de l'Asie, 300 millions; Mahométisme la plus grande partie de l'Afrique, une partie de l'Asie, une très-petite partie de l'Europe, 260 millions. Quakerisme et autres sectes parsemées en Europe, et en Amérique, 10 millions.

Les peuples sauvages, qui n'élèvent point leur pensée jusqu'à l'existence d'un premier principe, sont dans un état de stupidité, qui ravale presque l'homme jusqu'à la bête; les peuples qui se forgent de la divinité une idée ridicule et absurde, forment une classe fort supérieure à celle des sauvages sans divinité; leur

pose à la pensée et la direction qu'il donne à l'esprit national; influence des préceptes qui,

---

erreur est du moins une pensée; et tandis que la masse du peuple reste enchaînée par la superstition, la raison mise en action, s'élève dans quelques hommes de génie jusqu'à concevoir des idées plus justes de la divinité; ainsi que de tout genre de vérité. Le chamisme qui paraît la premiere religion, qui sans l'assistance de la révélation par la seule rectitude de la pensée, ait reconnu l'immatérialité de la divinité, et le bramisme et le lamisme, émanations du chamisme, ont été l'ouvrage des philosophes de l'Inde, qui dans ce temps était la contrée où l'homme était le plus éclairé. Le lamisme soit que, depuis son institution, qui est très-ancienne, il ait adopté des principes de Christianisme; soit que par les lumières et la sagesse de ses fondateurs, il ait eu quelque délibation de la vérité; le lamisme a des dogmes analogues à ceux du Christianisme, il admet l'unité de la divinité, mais avec une trinité consistante en un grand-père, un père, un fils; il tient que le Dieu fils est descendu sur la terre, et remonté au ciel; il établit un paradis, un enfer, une expiation temporaire; on trouve dans ce régime plusieurs traits du régime Catholique; des moines renfermés, s'astreignant au célibat, au jeûne, aux macérations; un pontife suprême ayant une grande autorité en matière de foi, autorité qui s'étend même à des objets temporels; ce pontife résident dans un petit état, où il est investi de tous les droits de souveraineté. Dans l'islamisme, l'unité, l'immatérialité, l'essence pure de l'Etre Suprême étant reconnues, la justesse de cette conception rectifie et exalte les esprits; et les philosophes arabes ont été pendant un temps les précepteurs de la partie du genre humain capable de recevoir leurs leçons. La religion Chrétienne admise dans la partie du monde aujourd'hui la plus éclairée sur tous les objets, a grandement contribué à l'éclairer. Quand elle ne serait jugée qu'au seul tribunal

quoiqu'ils se rapprochent dans toutes les religions, lors même que les dogmes et les cultes diffèrent le plus, ont par le caractère qu'ils donnent aux devoirs religieux, réaction sur tous les genres de devoirs; influence du culte, dont les formes ont des conséquences pour les usages, les manières, et les formes sociales; enfin par des points de contact inévitables, influence des institutions religieuses sur les institutions politiques; car il est reconnu que l'idolâtrie, le polythéisme et les religions de l'Inde et de l'Arabie, qui exigent une foi non raisonnée, appellent et confirment le despotisme; que le christianisme est analogue au gouvernement modéré; que, dans cette religion, la Catholique se raccorde avec la monarchie, la Luthérienne avec l'aristocratie, la Calviniste avec la démocratie, tandis que la nullité de religion entraîne l'anarchie.

(3) On a prétendu que les Tunkinois étaient idolâtres; mais autant qu'il est possible d'assigner des bornes aux erreurs humaines, on ne

---

de la raison, sa supériorité sur toutes les autres religions serait démontrée, parce que s'élevant au dessus de la sphère des sens, elle donne du grand Etre une idée plus digne de lui; parce que ses principes tendent à former de l'homme le meilleur être qu'admette la constitution humaine; enfin, parce qu'elle n'ordonne que d'aimer ses semblables et d'aimer Dieu, les autres préceptes n'en sont que des conséquences.

doit pas attribuer à une nation qui n'est ni sans lumières, ni sans instruction, la croyance qu'une substance inanimée, et qui est l'œuvre de ses mains, est un être supérieur à l'espèce humaine, et qui décide de son sort; que dans chaque lieu où se trouve une idole existe un dieu; que chaque fois qu'il est fabriqué une de ces idoles, il est créé un nouveau dieu.

Cette imputation d'idolâtrie a souvent été une erreur des Européens, qui se sont permis de juger la croyance des peuples, dont ils n'avaient point étudié les principes, dont ils n'entendaient pas bien la langue, dont ils interprêtaient mal les actions. Quoique dans l'acception généralement adoptée en Europe, la dénomination d'idole semble celle d'une divinité, ce mot dans son véritable sens ne signifie qu'image. Le mot adorer, consacré aujourd'hui au culte de l'Etre Suprême, n'est originairement que l'expression d'une salutation respectueuse, et d'une haute vénération; et c'est ainsi que dans le Tunkin notre ignorance a mal apprécié les respects rendus aux idoles; et a attribué un caractère sacré a des prosternations qui ne sont que des civilités d'usage dans la société, ou des hommages rendus à la grandeur temporelle par la faiblesse et par la crainte. Sans doute dans ce pays ainsi que dans nombre d'autres, les dernières classes de la société, dans l'imperfection et la grossièreté de leurs conceptions, ne consultant que leurs sens, prennent la représentation pour l'être représenté. Telle a été l'erreur de presque tous les hommes avant leur civilisation ; telle est encore aujourd'hui celle de la populace chez les peuples les plus civilisés ; mais des égaremens partiels de la superstition ne forment pas la religion nationale.

(4) La plupart des principes de la croyance Tunkinoise sont tirés de la religion de la Chine, qui les a reçus de l'Inde, où se sont formées les premières religions systématiques, depuis adoptées modifiées, altérées, défigurées par nombre de peuples.

La religion Tunkinoise est le polythéisme ; elle a véritablement ce caractère, parce qu'elle admet plusieurs êtres surnaturels, existens par eux-mêmes, et investis d'une puissance indépendante, quoiqu'inégale. On croit même que des hommes ont été divinisés par la seule force de leurs vertus, et sans la participation des autres divinités. Quel que soit la puissance attribuée à ces divinités de divers ordres, il est reconnu qu'elle est bornée, et qu'elle ne peut rien changer à un certain ordre des destinées, qu'on appelle *Sô*, ce qui signifie catalogue, et indique un résumé de tous les pouvoirs, et un ordre d'événemens imperturbable.

On estime aussi que les forêts, les montagnes, les plaines sont remplies de génies qui ont influence sur les affaires humaines ; et on les qualifie rois spirituels ; il en est, qui assurent le bien-être des hommes, et d'autres qui le troublent.

Les Tunkinois n'élèvent point leurs idées jusqu'à l'éternité, mais seulement jusqu'à une durée de temps longue et indéterminée. Le passage du néant à l'être est hors de la sphère de leur pensée ; et dans leur langue nul mot n'exprime la création. Sans fixer une époque au commencement du monde, ils croyent les dieux moins anciens, ou n'ayant d'existence intéressante à observer, que depuis qu'ils ont dirigé le monde ; ils ont quelque idée de l'incarnation de la divinité ; ils reconnaissent un permier homme, duquel tous les autres tirent leur origine ; ils croyent à une âme principe vivifiant de notre être, et qu'elle survit à la destruction du corps ; ils admettent des récompenses et des peines postérieures à la vie. Le lieu de récompense est dans le ciel, où l'on est assis dans un séjour brillant, sur un trône formé de fleurs odoriférantes ; l'enfer est placé dans l'intérieur de la terre, dans un lieu de ténèbres, infecté de mauvaises odeurs.

Il est remarquable que tandis que les habitans des contrées séches et ardentes font consister la récompense posthume de la vertu dans la résidence dans des jardins abrités du soleil et arrosés, où l'on est sans cesse dans les bras des plus belles femmes ; que les habitans du nord, les Scandinaves espèrent se chauffer dans le ciel à de bons poëles; que les Samoyedes comptent y avoir de grands troupeaux, et y faire des chasses heureuses; que les disciples d'Odin comptent y boire de bonne bierre dans le crane de leurs ennemis; le Tunkinois place le bonheur de la vie future dans la durée et le complément des sensations délicieuses que lui font éprouver un climat doux et un atmosphère embaumé. Mais le chrétien, éclairé par la révélation, élève ses idées au dessus de toute jouissance sensuelle, et ne fait consister le bonheur céleste, que dans la contemplation du Grand Etre, et dans la certitude de lui plaire.

Depuis quelque temps une secte s'est formée dans la religion Tunkinoise, qui prétend, non retirer par des prières et par des sacrifices les âmes des morts d'un lieu d'expiation temporaire, mais obtenir l'impunité des crimes, et forcer l'ouverture des portes de l'enfer. Cette puissance de l'homme, d'annuller un jugement juste, émané de la divinité, n'a trouvé croyance que parmi quelques esprits faibles et superstitieux.

Au reste, les dogmes de cette religion ne peuvent être saisis avec certitude, et présentés avec précision, d'autant que ceux-même qui l'enseignent n'en ont pas une idée bien distincte; que plusieurs d'entreux se contredisent; et que lorsqu'on les force de remonter aux premiers principes, ils s'égarent, deviennent inintelligibles, et ne peuvent plus établir un corps de doctrine; c'est le sort ordinaire du polythéisme, où l'on s'est presque toujours peu occupé du dogme, et souvent on en a livré l'établissement et l'explication à l'imagination des poëtes, qui l'ont si ridiculement travesti, que l'homme vertueux l'a été, non d'après les exemples des dieux, mais malgré leurs exemples.

(5) De ce corps de doctrine dont plusieurs points de croyance répugnent à la raison, sortent des préceptes sages et respectables. Les principaux sont au nombre de dix; défense, 1°. du meurte; 2°. du vol; 3°. du mensonge; 4°. de manquer à sa parole; 5°. de se livrer à des désirs déréglés; 6°. de céder à l'impulsion de la colère; 7°. de rester dans l'ignorance sans faire effort pour en sortir; 8°. de parler sans utilité; 9°. de souiller son corps; 10°, de faire tort ou injure a autrui. A ces prohibitions sont ajoutées deux injonctions, rendre un culte aux idoles et aux ancêtres, secourir quiconque souffre: cette dernière injonction, cette conversion de la loi naturelle en une loi religieuse, et cette consécration de la sensibilité lui ont donné tant d'énergie, qu'il n'est aucun pays sur la terre où le malheur excite plus d'intérêt, et où la misère obtienne plus de secours.

(6) Le culte ne mérite pas les mêmes éloges; et même indépendamment de l'illusion des

objets vers lesquels il est dirigé, il ne peut être dans la plupart de ses formes avoué par la raison; à la vérité, les idoles ne sont pas aussi ridicules que dans d'autres pays, en ce qu'elles n'offrent à l'adoration que des êtres animés; et dans l'erreur qui divinise les substances terrestres, c'est un moindre égarement que cette adoration soit dirigée vers des êtres classifiés dans le règne le plus parfait de la nature.

Toutes les communes ont un temple, dont la grandeur, la simplicité et l'éclat dépendent de la richesse ou de la pauvreté et du degré de zèle de la commune. Quelques-uns de ces temples ne sont que des hangars, d'autres sont de beaux et grands édifices, dont la forme extérieure est un grand quarré long, et dont l'intérieur est orné avec une grande magnificence; mais les figures des idoles sont bisarres ou même difformes; et c'est une grande faute de ne pas rendre la divinité intéressante et respectable en lui donnant les traits de la beauté. Dans ces temples sont des cloches, mais qui sont sans battans, et dont on ne tire du son, qu'en les frappant avec un marteau. La fonte d'une cloche est un événement religieux; on s'assemble pour en être témoin; et par piété on jette dans l'airain fondu de petits morceaux d'or.

La loi religieuse ordonne d'adorer les idoles; mais ne marque pas positivement en quoi doit consister cette adoration, et si elle s'adresse à l'idole même, ou à l'être qu'elle représente; ce qui est une grande source d'égarement, d'autant que toute masse d'hommes, étant nécessairement peu éclairée, est disposée à arrêter sa pensée et son sentiment sur ce qui frappe les sens. Le culte, en l'honneur des idoles, consiste en des prières, des sacrifices d'animaux, des festins, des luttes; mais les lutteurs ne se frappent point, ils s'efforcent seulement de se terrasser, ce qui rend ce genre de combat plus analogue à un hommage religieux, et plus agréable aux yeux d'un peuple doux, et qui a répugnance pour l'effusion du sang, et pour le meurtre.

Chaque commune a un génie tutélaire, dont il n'existe aucun signe représentatif, mais qui pourtant a un temple, et reçoit des sacrifices; et chaque village met un grand intérêt à la supériorité de son génie sur les autres. Il n'y a pas long-temps que leur prééminence était à certaines époques mise au concours: des barques dans lesquelles étaient les titres de ces génies, étaient placées sur terre; et par quelques artifices secrets, ces barques paraissaient s'agiter elles-mêmes; celle qui faisait le plus grand mouvement remportait la victoire; et pour prix de ce triomphe le village que protégeait le génie de la barque, était exempt d'impôt. Mais l'empereur actuel a aboli ce ridicule concours, et le prix attribué à la victoire.

Cependant encore aujourd'hui, quand une commune estime avoir reçu de son génie quelque grand service, elle en rend compte à l'empereur, qui accorde au génie un brevet d'honneur, qu'on enferme dans un vase d'or ou doré, qui, dans de grandes occasions, est porté solennellement dans des processions. Ces bons génies n'empêchent pas que la commune ne soit persécutée par un mauvais génie; et il est des hommes d'une imagination si vive et si faible, que, se croyant poursuivis par cette puissance malfaisante, ils entrent dans une agitation continuelle et terrible, et font des sauts prodigieux, qui semblent au-dessus des forces humaines. Les habitans des communes rendent des hommages et font des sacrifices à leur mauvais génie ainsi qu'au bon; mais plus encore au mauvais, parce que la dévotion Tunkinoise est plus électrisée par la crainte, que par l'affection ou par la reconnaissance.

On rend aussi un culte au ciel, à la terre, aux montagnes, aux forêts, aux vents, aux eaux, à des dieux de la maison qu'on appelle les dieux de la Cuisine.

Après ces cultes vient celui des ancêtres, objet d'une profonde vénération; on voit en eux des êtres célestes, des divinités secondaires, qui surveillent et protégent les familles, auxquelles elles ont appartenu, et qui ont d'autant plus de pouvoir, que leur vie sur la terre a été plus sainte. Le culte qu'on leur rend est d'une espèce particulière; on leur érige des autels sur lesquels n'est placé aucun simulacre; cependant on leur fait des sacrifices par lesquels on imagine qu'en vertu d'une sympathie occulte entre les morts et les vivans, la partie de l'être humain, qui subsiste encore, est rappelée momentanément sur la terre, et on estime que l'odeur que répand la chair des victimes est un aliment agréable à leurs âmes. Telle est l'opinion des personnes les plus éclairées; mais les gens du peuple croyent que les âmes des défunts résident dans de petites tablettes placées dans la maison de leurs descendans en signe de commémoration.

Les sacrifices en l'honneur des ancêtres ont lieu quatrefois l'année; et en outre se renouvellent tous les trois ans avec une grande solennité; et encore à l'anniversaire de la mort, qui est célébré même après un long espace de temps. Le chef de la famille est autorisé à en contraindre tous les membres, à contribuer à la dépense de ces sacrifices, et à venir en personne faire leurs prosternations devant le tombeau. Quelquefois ces cérémonies par l'obligation légale, et plus encore par le point d'honneur qu'on met à leur éclat, deviennent si dispendieuses, qu'elles opèrent la ruine des familles.

Par une suite de cette croyance et de cette vénération, on a un grand respect pour les tombeaux, et on met une grande importance à leur situation, et à la manière de les orienter.

Au dessus de toutes ces formes de culte, et de tous les sacrifices, il en est un qui se fait tous les ans au ciel, comme étant la source de toute puissance céleste. L'empereur seul a droit de faire ce sacrifice, et quiconque se permettrait ce genre de culte, se rendrait coupable d'un crime de lèze majesté.

Quelque grande importance qu'on attribue à ces sacrifices, on n'imagine pas comme dans le paganisme, qu'on puisse y découvrir l'avenir, et que les débris des animaux immolés donnent des indices de la volonté des dieux.

(7) Les bonzes qu'on nomme *su*, c'est-à-dire maître ou docteur, sont les ministres des autels; mais ils ne peuvent être assimilés à nos évêques ni à nos curés. Ils n'ont acune autorité spirituelle; et leurs fonctions sacerdotales se bornent à diriger les sacrifices, et les cérémonies du culte, à prêcher, et à chanter les louanges des divinités. Les assistans ne chantent point, mais à chaque pause du chanteur font des prosternations. Ces bonzes n'ont pas même l'exercice exclusif de ces fonctions sacerdotales; car quiconque a le talent de la parole, peut s'immiscer dans la prédication; dans plusieurs communes il n'y a point de bonzes; et le chef de la commune le remplace; mais pour les sacrifices aux ancêtres, c'est le chef

de la famille qui en est chargé, et qui s'acquitte de cette fonction, dès qu'il a atteint l'âge de douze ans.

Les bonzes destinés à la desserte des temples, ne s'astreignent à aucune privation, et se permettent le mariage; mais une autre classe de bonze vit dans la retraite, ne porte que des vêtemens simples et modestes, a toujours à son côté un chapelet, garde le célibat, observe des jeûnes.

Ils n'ont point de revenus particulièrement attitrés à leurs fonctions; mais ils sont entretenus sur les revenus des temples qui sont considérables. Ils ne font point de vœu, et ne croyent pas qu'il soit sensé d'enchaîner sa volonté pour l'avenir; ils ne se soumettent à aucune macération, à aucun de ces pieux tourmens qu'une démence superstitieuse a rendu communs dans l'Inde; cependant ils ne sont pas tous exempts d'un enthousiasme fanatique; on en a vu se dévouer aux plus cruels supplices pour acquérir une plus grande renommée de sainteté; il en est qui se sont fait attacher sur un bûcher, et y ont péri dans les flammes au milieu des applaudissemens de leurs admirateurs. L'empereur actuel a défendu ces dévots suicides, et a arrêté l'explosion de ce délire religieux.

La plupart des bonzes surtout aujourd'hui sont moins disposés à donner des preuves effrayantes d'un zèle religieux, qu'à veiller sur leurs intérêts temporels, et à se saisir des animaux immolés pour les sacrifices. Il est pourtant quelques genres de sacrifices où tous les assistans sont admis à se nourrir de la chair des victimes, et il n'est pas très-rare qu'en y joignant des liqueurs spiritueuses, dont ces pieux convives font un usage excessif; ils sortent de leurs saints repas dans un état d'ivresse.

Pendant long-temps des bonzesses ont formé des communautés qui avaient des revenus fondés; mais soit que ces biens aient été dissipés, soit que la vie de communauté ait déplu, il n'y a plus aujourd'hui que des bonzesses quêteuses, filles, femmes ou veuves.

(8) Telle est la religion du Tunkin, de la Cochinchine et des sujets de l'empereur les plus civilisés; mais il n'est pas certain que les sauvages du Lac-tho, du Laos, du Tsiampa aient aucune religion, qu'ils reconnaissent un dogme, ni qu'ils adoptent un culte. On sait que les habitans du Tsiampa sont circoncis; mais on ignore si cette opération est une précaution ou une mesure médicale, ou un acte de religion. Ils n'ont ni prêtres ni pagodes; mais on assure que quelques-uns d'eux font des sacrifices à un esprit, qu'ils appellent *Nhang*, et qu'ils estiment être l'auteur de tout ce qui leur arrive. Dans le Lac-tho les habitans qui forment des communes, ont des idoles qui ne sont pas les mêmes que celles du

Tunkin; et les parens n'obtiennent point le même respect dont ils sont les objets dans le Tunkin; les enfans les traitent avec un ton d'égalité, et quelquefois les querellent assez rudement.

Parmi les Laociens errans, il en est qui croient à une puissance surnaturelle et supérieure aux forces humaines. Dans leurs malheurs ils s'adressent à elle, en élevant leurs bras vers le ciel, et les y tenant long-temps suspendus. Dans ce pays les pères sont plus vénérés que dans le Lac-tho; mais moins que dans le Tunkin: à leur mort on brûle leurs corps, mais on conserve leurs têtes comme des monumens précieux.

Nous ne croyons pas devoir compter au nombre des religions, la magie qui est fort en vogue dans ce pays; l'empereur actuel l'a proscrite lors de son avènement au trône; mais comme il n'a pas mis une grande attention à l'exécution de cette défense, les magiciens ont continué l'exercice de leur profession; et ont conservé un grand crédit sur les esprits faibles et timides, ce qui, dans tous pays, comprend le plus grand nombre des hommes.

Les magiciens se donnent pour conjurer et combattre les esprits malfaisans, et les faire passer dans le corps de ceux qu'ils veulent perdre; et en effet par leurs artifices, aidés de la prévention des imaginations faibles, ils causent de très-fortes convulsions; ils se mêlent aussi de prophétiser, et font la fonction de médecins qu'ils remplissent par des invocations et des conjurations, auxquelles ils joignent pourtant quelques remèdes; et quand le malade guérit par le cours de la nature ou par l'effet des remèdes, la guérison est attribuée à des moyens surnaturels.

Il est aussi des aveugles qui font le métier de devins, et des femmes qui se prétendent inspirées et font connaître ce qui arrive aux absens. Enfin, il est des astrologues qui réduisent la divination en système; et d'après l'état du ciel, au moment de la naissance ou du mariage, prédisent le sort des nouveaux-nés, ou des nouveaux-mariés.

Il serait impossible de décrire tous les pronostics, toutes les superstitions qui ont empire sur l'esprit de ce peuple; le vol et le chant des oiseaux forment des présages favorables ou sinistres; une poule qui chante comme un coq est d'un mauvais augure, on la tue; il en est de même d'un chien qui se traîne sur les deux pattes. Si le matin en sortant de chez soi, ou rencontre une femme on la maudit, parce que cette rencontre est une annonce que la chasse ou la pêche ou autre affaire pour laquelle on sort, ne réussira pas; mais si c'est un homme qu'on rencontre, tout doit réussir. Si la première personne qu'on trouve en son chemin éternue, c'est un présage si effrayant, qu'on retourne chez soi. Par une suite de ces préventions, quand on bâtit une maison, on consulte pour savoir de quel côté il faut la tourner pour y vivre long-temps, et y avoir beaucoup d'enfans : superstitieuses puérilités, qui, chez presque tous les peuples, offrent dans les dernières classes de la société, le spectacle de la faiblesse de l'esprit humain.

(9) Tandis que la masse de la nation, n'osant point juger les dieux et leurs préceptes, suit une religion absurde, que la loi sanctionne, et que confirme et consacre un long usage, les principaux personnages de l'état, surtout les lettrés dédaignent des opinions insensées, et des cérémonies ridicules, ne se soumettent au culte des idoles que par déférence pour la loi, et par égard pour les préjugés populaires, et adhèrent à la doctrine de Confutzée, oracle de la Chine, qui n'est pas moins respecté dans le Tunkin.

Cette doctrine, considérée comme un dogme religieux, n'en a point cependant le caractère essentiel, puisqu'elle n'est point annoncée, comme transmise par la divinité ; mais n'est que l'opinion d'un homme, à la vérité réputé le plus sage, qui ait honoré l'espèce humaine.

Les principes de Confutzée sont des conceptions d'une haute sagesse ; il reconnaît un être suprême ; il estime que la raison humaine en est une émanation, que la loi religieuse se borne à prescrire de se conformer à la loi de la nature, et aux lumières de l'entendement. Ses préceptes sont les conséquences de ces principes, travailler à se connaître, afin de perfectionner son être; étudier la nature des choses, afin de distinguer ce qui peut être obtenu, et par conséquent doit être désiré et recherché; donner de bons exemples, afin de contribuer à la rectification de ses semblables.

Les sectateurs de Confutzée en admettant un être suprême qui dirige toutes choses, croyent cependant ainsi que les philosophes grecs, que le monde est éternel, ce qui forme une contradiction évidente.

Ils adorent ce maître de l'univers, mais sans aucun culte ostensible, sans autels, sans prêtres; ils lui rendent hommages par un sentiment intérieur, persuadés ainsi que d'anciens philosophes, que l'hommage le plus agréable à la divinité est de se rapprocher d'elle par la rectitude et la sainteté des actions, et de lui ressembler par la vertu *.

Ils élèvent cependant des temples à Confutzée; ils lui font des sacrifices, ils font en son honneur des libations, le considèrent comme un être supérieur à l'homme, l'invoquent pour obtenir de lui les lumières nécessaires pour l'intelligence de ses livres, et comme l'obtention de cette science

---

* Satis coluit deos, qui imitatus est.

est l'objet principal de ces sacrifices, ils n'admettent point les femmes à y assister.

Ces temples de Confutzée sont les seuls à la construction et à l'entretien desquels le gouvernement contribue ; il en élève et en entretient un dans chaque province. La dépense des autres temples est à la charge de ceux qui les fréquentent, ou il y est pourvu sur des fonds qui leur sont attribués depuis long-temps.

Les sectateurs de Confutzée font des sacrifices aux ancêtres ; mais ils n'y attribuent point la même importance que le peuple ; ils n'y portent point la même croyance, ils n'imaginent point que les âmes de ces ancêtres respirent l'odeur des victimes qui leur sont offertes ; ils ne voient dans cette apparence de culte, qu'un hommage, un acte de vénération qui perpétue la piété filiale, premier sentiment qu'inspire, premier devoir que prescrit la nature, et base de nombre d'affections louables ; et plusieurs souverains de la Chine et du Tunkin ont adopté cette interprétation.

On prétend que dans cette secte on est divisé sur la croyance de l'immortalité de l'âme, que les uns croient que l'âme des méchans périt avec son corps, que l'âme du juste survit seule, et que cette survie est sa récompense; d'autres croient que l'âme, par son essence, est nécessairement immortelle: mais dans l'une ou l'autre de ces opinions on ne croit point à des récompenses célestes. On pense que l'excellence de la vertu suffit pour la faire aimer et pratiquer.

Une telle doctrine est certainement une des plus nobles conceptions qui soit sortie de la tête de l'homme; mais elle a plus un caractère philosophique que religieux; elle est plus propre à éclairer l'esprit, qu'à réprimer et contenir les passions; aussi les mandarins Chinois, instruits des principes de cette morale sublime, n'en sont-ils pas moins sujets à nombres de vices, et les mandarins Tunkinois n'en sont pas exempts, quoique moins indécemment immoraux.

Bien plus, quelques hommages qui soient dus aux principes élémentaires de la doctrine de Confutzée, si l'on porte ses regards sur quelques parties des ouvrages de ce prétendu sage par excellence, ce dieu de quelques esprits forts qui n'en veulent pas reconnaître d'autres, ce génie sublime disparaît; quelquefois au lieu d'idées philosophiques, on ne trouve que des opinions ridicules, la jactance d'un charlatan, comme, par exemple, quand il prétend apprendre à découvrir l'avenir dans l'arrangement de baguettes, qui, jetées en l'air sans méthode et sans art, retombent par terre dans un ordre dont le hasard décide.

(10) Parmi les religions qui ont des sectateurs dans les états de l'empereur du Tunkin, doit être compté le christianisme, qui, dans cet état, a eu le même sort que dans plusieurs autres états

de l'Asie. Introduit à la faveur du commerce, il s'y est accrédité par la propagation des sciences et des arts; puis devenu suspect par les indiscrétions de quelques missionnaires, et redouté par la liaison des intérêts religieux avec des intérêts politiques, il a été prohibé.

Les Portugais, ayant pénétré dans la mer du Sud, ouvrirent un commerce avec la Chine, le Japon et la Cochinchine; et en même temps cherchèrent à y répandre les lumières de l'évangile; ils n'ont eu que plus tard des relations avec le Tunkin, et ce n'est qu'au commencement du 17ème siècle qu'ils y ont introduit des marchandises et des missionnaires. C'est par cette nation que la religion chrétienne à d'abord eu accès dans le Tunkin, et pendant long-temps, même dans les lois de l'état elle n'a eu d'autre dénomination que celle de religion Portugaise.

Quelque temps après les Portugais, les Français firent aussi dans le Tunkin quelques légères entreprises de commerce, et en profitèrent pour propager la foi chrétienne. Les Anglais, et surtout les Hollandais avaient des établissemens beaucoup plus considérables que ceux des Français; mais leur commerce absorbait toute leur attention.

L'ordre des Jésuites tant célébré, tant censuré, et qui a mérité ces éloges et cette censure, a envoyé dans le Tunkin les premiers missionnaires, qui y furent accueillis et considérés, parce qu'ils y portèrent les notions des arts européens; mais une guerre étant survenue entre le Tunkin et la Cochinchine, les Jésuites qui étaient plus anciennement établis, et plus favorisés dans la Cochinchine, furent soupçonnés d'avoir servi cet état, et d'avoir engagé les Portugais à lui donner des secours, en conséquence ils furent expulsés du Tunkin.

Louis quatorze qui réunissait des vues religieuses à des vues politiques, fit passer dans ce pays des prêtres du séminaire des missions étrangères établi à Paris, et le Pape donna à quelques-uns d'eux le titre de vicaire apostolique. Ces missionnaires se donnèrent pour des directeurs des comptoirs du commerce français, et ayant fait à l'empereur et aux principaux personnages de la cour des présens de marchandises de leurs pays, ils obtinrent la permission de former un établissement de commerce, qui devint une école évangélique; où pour les seconder dans ces travaux spirituels, ils appelèrent quelques Dominicains ou autres religieux.

Les Jésuites Portugais, ayant vu que la tolérance était rétablie dans le Tunkin, y revinrent, et comme ils avaient ouvert cette mission, ils trouvèrent mauvais que d'autres prêtres qu'eux s'en rendissent les maîtres. Ces querelles entre ces deux classes de missionnaires devinrent assez vives pour nécessiter l'intervention de la cour de Rome, qui ordonna que les Jésuites, en attendant qu'il fût donné une décision sur leurs prétentions, sortiraient du Tunkin.

Le titre qu'avaient pris les prêtres des missions étrangères, de directeurs des comptoirs français, ne tarda pas à paraître illusoire, parce que Louis quatorze étant entré en guerre avec les puissances maritimes, il ne parut plus de vaisseaux français sur les côtes du Tunkin ; cependant ces missionnaires se maintinrent encore quelque temps par suite de l'affection et de la considération qu'ils avaient obtenues.

Pendant tout le 18ème siècle, l'exercice de la religion chrétienne a été dans le Tunkin prohibé par les lois, quelquefois cependant toléré, mais à diverses époques poursuivi avec cruauté ; il a été défendu sous des peines graves de la professer, et sous peine de mort de la prêcher ; plusieurs missionnaires ont péri dans les supplices; plusieurs néophytes ont été emprisonnés, ou condamnés à des travaux infâmes, nombre de chrétiens ont apostasié. Les principales époques des persécutions sont les années 1712, 1722, 1773 ; mais dans les temps de troubles, et de guerres civiles, le gouvernement a perdu de vue la croyance religieuse. L'année 1790 a été une de celles où la religion a éprouvé un traitement plus favorable ; et il a été permis aux missionnaires de s'établir dans le pays, à titre de mathématiciens. Ces alternatives ont aussi eu lieu dans la Cochinchine; il y a eu des temps où les chrétiens y ont été traités avec une grande cruauté, des temps où ils ont obtenu indulgence. En 1774, il a été ordonné que tous ceux qui avaient été emprisonnés ou condamnés à diverses peines, à raison de leur religion, seraient mis en liberté.

Soit dans le Tunkin, soit dans la Cochinchine, dans les temps même les plus favorables, les missionnaires et les nationaux convertis ont été exposés à de grandes vexations, par la faculté qu'ont eu les mandarins de faire exécuter strictement les lois; l'empereur actuel paraît avoir sur la religion des principes très-libres, et un régime indulgent. En général, le gouvernement Tunkinois n'est pas persécuteur, et même ne paraît pas mettre une très-grande importance à l'adoption des opinions religieuses; mais il répugne à l'introduction de toute nouvelle croyance, comme à une innovation dangereuse dans un état, où les usages ont force de lois; il voit dans les religions moins des sectes que des partis, et il suspecte la religion chrétienne comme mue secrètement par la politique.

Indépendamment des dispositions du gouvernement favorables ou contraires, plusieurs obstacles s'opposent à la propagation de la foi chrétienne, l'obligation dans laquelle est tout sujet de l'empereur de contribuer au culte des idoles; la nécessité de comparaître quelquefois à des fêtes qui ont également un caractère civique et religieux; les hommages rendus aux ancêtres, hommages qui ont quelque apparence de culte. Les Jésuites avaient toléré ces usages dont il est difficile de détacher les nationaux; ils consentaient que, dans la contribution pour les temples des idoles, on ne vît qu'un impôt exigé par le souverain, et dont le payement était inévitable; que dans les cérémonies publiques on ne considérât qu'un devoir civique; que dans les devoirs rendus aux ancêtres, tout se rapportât à l'affection et à la moralité: mais la cour de Rome n'a point approuvé cette indulgence. Un autre obstacle plus grand encore, est la renonciation à la poligamie, et l'obligation imposée à quiconque se convertit de s'en tenir à une seule femme, tandis que les lois et les usages en accordent autant qu'on peut en entretenir.

Cependant, malgré ces difficultés, le christianisme a été embrassé par un assez grand nombre d'habitans de ces pays. Dans le cours du 18ème siècle, il y a eu des temps où l'on a compté dans le Tunkin jusqu'à deux ou trois cent mille chrétiens; au commencement du 19ème siècle, on a estimé qu'il y avait dans le Tunkin 320,000 chrétiens et 60,000 dans la Cochinchine. C'est pour l'un de ces états environ le cinquante-cinquième de la population, et pour l'autre le vingt-cinquième; et ces chrétiens se distinguent de leurs compatriotes par des mœurs plus pures, une probité plus intacte, l'accomplissement de tous les devoirs de l'homme, du citoyen, du sujet.

Certes, ils sont bien estimables les pieux missionnaires, qui, en ouvrant à cette nation les portes du ciel, lui confèrent une amélioration humaine et civique; et pour cette sainte et bienfaisante entreprise bravent les fatigues, les dangers, les supplices. Si l'incrédulité, qui a ses préjugés et son fanatisme, sait être juste, elle ne doit voir qu'avec vénération ces héros religieux, qui, sans être inférieurs aux héros guerriers par le courage, leur sont supérieurs par le but auquel ils tendent; conquérans des âmes, qui rendent la terre le séjour de la vertu, et par la vertu le séjour du bonheur; à ce titre plus dignes de respect que tant de conquérans, qui, célébrés par un enthousiasme insensé, ou par la crainte, ne sont que de brillans fléaux de l'espèce humaine.

CHAPITRE VI.

Mœurs.

(1) Le Tunkinois doué d'une rectitude naturelle de pensée et de sentiment, a de l'attrait pour tout ce qui est sage, juste, bon. Quoique dans diverses circonstances, et sur plusieurs objets, il soit tombé dans de grands égaremens par défaut de lumières, par des préjugés insensés, par l'impulsion des passions, et la violence de l'esprit de parti, dans sa conduite habituelle il montre un grand respect pour les principes de la morale.

Comme le droit de propriété, par l'attribution d'une jouissance exclusive, contrarie tous les intérêts, autres que celui du propriétaire, les atteintes portées à ce droit, sont, chez tous les peuples, les actes d'immoralité les plus communs; et on a remarqué qu'ils le sont moins dans le Tunkin, que dans la plupart des autres pays de l'Asie. D'abord, on n'y voit point, comme en Chine, des voleurs se confédérer, former des armées, livrer des batailles, piller les campagnes, assiéger et prendre des villes; l'esprit de rapine s'étendre sur les mers, et le navigateur redouter les corsaires de sa nation autant que les vaisseaux ennemis, ou les ouragans.

Cependant, la probité nationale n'est pas au même degré chez les divers peuples soumis à la domination de l'empereur; et à la honte de l'ordre social, les peuples les moins civilisés sont ceux en qui la probité est le plus remarquable. Il est dans le Laos des familles, qui, depuis plusieurs générations, exercent la profession de porte-faix, et transportent des ballots de marchandises du Laos dans le Tunkin, et quelquefois du Tunkin dans le Laos: les hommes, les femmes, les enfans en âge de marcher sont employés à cette profession; et il n'y a jamais eu parmi eux un seul exemple d'infidélité. Dans ces voyages ils font passer la nuit au propriétaire de la marchandise au haut des arbres, pour le mettre à l'abri des attaques des bêtes féroces; pour eux, ils couchent à terre auprès des marchandises pour en assurer la conservation. Dans les relations de commerce entre les habitans du Lac-tho ou du Laos, et ceux du Tunkin, ou de la Cochinchine, s'il y a quelque fraude, c'est presque toujours de la part de ces derniers; cependant on ne trouve chez aucuns de ces peuples la mauvaise foi qu'on reproche aux Chinois, infidélité aux engagemens, et falsification des marchandises; double balance, dont une pour la vente, une pour l'achat; mépris de la loyauté: la supercherie, la fourberie n'étant vues que comme des tours d'adresse, et une ingénieuse industrie. On a prétendu qu'il n'existait chez le Tunkinois plus de bonne foi que chez le Chinois, que parce qu'il est moins ingénieux, moins fin, moins subtil; mais quoique ce jugement ne soit pas sans quelque fondement, il est trop rigoureux; et d'ailleurs si l'on soumettait les actions qui paraissent le plus estimables, à une investigation de leur origine, et de leurs motifs, on s'exposerait à compromettre souvent le respect qu'elles inspirent.

(2) On ne peut du moins attribuer à une imperfection la répugnance du Tunkinois pour l'effusion du sang humain, et son aversion pour le meurtre; sentiment marqué dans les querelles des gens du peuple, qui, en se frappant, cherchent à se faire mal par les coups qu'ils se portent, en s'abstenant d'en porter de tels qu'ils puissent être mortels.

(3) Le Tunkinois par la sensibilité de son âme, non-seulement répugne à nuire à son semblable, mais il ne peut voir avec indifférence

la misere et la douleur. Quiconque souffre est estimé créancier de quiconque peut le secourir; et ce secours ne paraît qu'un acte de justice.

Ce sentiment de bienfaisance et de générosité se manifeste même dans une classe d'hommes, auxquels la médiocrité de leur fortune semble interdire l'usage de cette vertu. L'homme le moins riche, s'il a fait une chasse ou une pêche heureuse, n'en jouit qu'imparfaitement, s'il n'en fait part à autrui. Les proverbes sont l'expression des sentimens d'une nation; et chez celle-ci, le proverbe le plus en usage est, *la nature est libérale; il faut l'imiter.*

(4) Le Tunkinois connaît le besoin des âmes tendres, le besoin d'aimer et d'être aimé; non-seulement cette affection dont le germe existe dans la différence des sexes, mais cette coalition des âmes indépendantes des sens, volupté pure, exempte d'inégalités, de troubles, de remords Le Tunkin est la patrie de l'amitié; c'est-là qu'elle se manifeste sous les simptômes les plus honorables, et par les procédés les plus généreux; l'inégalité des fortunes effacée, et la division des propriétés anéantie. L'ami dispose du bien de son ami comme du sien propre; en son absence il s'en sert pour son utilité, et même il le donne s'il le juge convenable; qui n'en userait pas ainsi, qui se plaindrait d'un tel procédé, serait réputé ne pas connaître l'amitié.

Les intérêts se confondent ainsi que les droits. Le bonheur ou le malheur de l'un fait le bonheur ou le malheur de l'autre. Ce sont deux êtres identifiés par le sentiment.

(5) L'amitié germe dans le cœur du Tunkinois, dès qu'il est capable d'un sentiment ; elle est une suite de la vénération affectueuse, que, dès les premiers momens de son existence, il conçoit pour son père, et qui ne se dément jamais. Nous avons vu que les ancêtres sont des espèces de dieux, et un père est un ancêtre vivant. Dirigés par lui, les jeunes gens ont un frein contre les passions, maladies morales, inséparables de la jeunesse. D'autre part, la piété filiale est excitée par la tendresse paternelle. C'est dans ce pays que le bonheur d'être père est le mieux senti ; avoir beaucoup d'enfans, c'est avoir beaucoup de serviteurs ; c'est s'entourer de beaucoup d'amis ; c'est s'assurer du culte d'une nombreuse postérité.

Les devoirs que la parenté impose, et les sentimens qu'elle inspire, ne se bornent pas aux personnes les plus rapprochées par l'ordre de la nature ; ils s'étendent à tous ceux qui ont une origine commune ; et l'obligation de se réunir pour rendre un culte aux ancêtres, renforce les liens qui attachent les parens les uns aux autres. Au défaut de la parenté, l'âge suffit pour donner des droits à la vénération. Les vieillards sont traités avec un respect qui semble religieux; leur expérience leur donne un grand ascendant, leurs conseils semblent des ordres. Dans les assemblées publiques, la première place leur est assignée, quand les rangs ne sont point déterminés par les dignités; et il a été reconnu chez toutes les nations, que cette déférence révérentieuse pour l'âge est le garant des mœurs.

(6) Les femmes ne sont point, comme dans une grande partie du monde, esclaves et prisonnières dans leurs maisons; elles ne sont pas non plus comme dans plusieurs états européens affranchies par les mœurs de la dépendance dans laquelle les place la loi. Dans les classes astreintes à des travaux corporels, elles partagent ceux de leurs époux; dans des classes plus relevées, elles s'occupent de tout ce qui peut leur donner des moyens de plaire; dans tous les rangs leur objet est de joindre aux plaisirs de l'amour, les sentimens de l'amitié, l'accomplissement des devoirs d'une mère de famille, les services d'un bon économe. Elles jouissent d'une grande liberté, sortent seules, peuvent aller rendre visite à leurs amies. La seule réserve qu'observent les femmes d'un haut rang, est qu'elles sortent dans des palanquins garnis de jalousies, à travers desquelles elles peuvent voir sans être vues. Le Tunkinois dédaigne les mesures et les précautions que prend la jalousie inquiète des Chinois et d'autres peuples;

et il est rare que les femmes abusent de cette liberté; elles ne se livrent à la société qu'avec une grande discrétion, même lors des visites qu'on fait à leurs époux; et la direction d'une nombreuse famille, et d'arrangemens domestiques, les garantit des égaremens, qui, le plus communément, sont une suite de l'oisiveté.

Dans ce pays on apprécie les femmes, et on les recherche en mariage, d'après un mode d'estime plus sensé qu'il n'est en Europe. La beauté n'est qu'un mérite secondaire; et on préfère même à la fortune, une constitution qui dénote santé et force, une conformation qui promette fécondité, un caractère dont on puisse attendre une société heureuse, un esprit sage sur lequel on puisse se reposer du gouvernement de la maison; et on met si peu d'importance à une primauté de jouissance, que si une fille a souffert violence, sans qu'il y ait de sa faute, et qu'elle ait toujours eu une bonne conduite, cet accident n'empêche pas qu'elle ne soit avec empressement recherchée en mariage.

Les hommes opulens, qui ont une grande quantité de femmes, et qui les prennent comme des maîtresses, prisent moins en elles la beauté que les talens, qui peuvent rendre leur société agréable, l'agrément de la voix, l'habileté à jouer des instrumens, la grâce dans la danse; cependant cette recherche voluptueuse ne va pas comme dans plusieurs contrées de l'orient, jusqu'à faire élever des filles pour les rendre dignes par leurs talens de servir aux plaisirs et à l'amusement des grands de l'état ; on s'en rapporte aux dispositions naturelles, et à une éducation louable, sans qu'elle soit dirigée par une telle vue.

(7) La décence est une vertu respectée et observée ; mais elle n'est point du même genre que dans les autres pays. Les femmes mettent peu d'importance à se soustraire aux regards des hommes ; la douceur du climat fait qu'elles laissent à nu une partie de leur corps ; et pour ce qui est couvert, la légéreté des vêtemens en rend les formes sensibles. Souvent elles se baignent dans les rivières et dans les canaux, même à peu de distance du grand chemin, où elles peuvent être facilement aperçues, soit en entrant dans le bain, soit en en sortant ; et même il n'est pas très-rare que des hommes et des femmes se baignent dans le même vivier ou dans le même canal ; seulement les femmes y descendent d'un côté, et les hommes de l'autre, les deux sexes se tournant le dos ; et se retourner par curiosité ne serait pas un procédé convenable. L'habitude de voir le corps humain sans les voiles, dont on le couvre dans d'autres pays, énerve la sensation que produit ailleurs la découverte de ce qui est habituellement caché. Mais tandis qu'une si grande licence est accordée à l'organe de la vue, tout est refusé à l'organe du tact ; et un homme qui toucherait une

femme sans son consentement, ne fût ce que le bout de son doigt, serait réputé lui avoir fait une insulte grave.

(8) Malgré cette réserve, la liberté de la communication entre les deux sexes occasionne quelques conjonctions illicites ; mais la prostitution n'est point portée au point où elle a lieu dans la plupart des pays chauds, et il est rare que les femmes mariées soient infidèles. Il est des femmes qui font commerce de leurs charmes, mais ce sont des personnes libres. Dans les grandes villes on tolère les mauvais lieux ; mais ils n'y sont pas communs et n'ont pas de publicité. On porte plus loin l'indulgence dans les ports de mer ou dans leur voisinage, parce que les navigateurs, privés pendant long-temps du commerce des femmes, ont pour elles un empressement, dont il faut garantir les femmes mariées, en offrant d'autres objets ; mais il est presque sans exemple que, comme dans plusieurs parties de l'Asie, un père prostitue sa fille, ou un mari sa femme ; cependant le haut prix dont les étrangers payent leurs plaisirs dans un pays où toutes choses sont à bon compte, peut quelquefois donner lieu à cette infamie ; et quelques voyageurs ont témérairement imputé à la nation, ce que l'indigence peut se permettre sur les côtes.

Ces relations avec l'étranger sont l'occasion et la mesure du déréglement des mœurs, et par cette raison il est plus grand dans la Cochinchine que dans le Tunkin; la pudeur, compagne ordinaire de la chasteté, y est moins observée, et les femmes, par une licence dégoûtante, s'y permettent de satisfaire leurs besoins en présence des hommes, croyant n'avoir rien à se reprocher, pourvu qu'elles, ne mettent point à découvert les parties de leur corps que les lois absolues de la décence défendent de laisser voir. Dans l'intérieur des terres, la chasteté est encore plus sévèrement observée, que dans le Tunkin; quoique les femmes et les filles, par la simplicité des mœurs, y vivent sans conséquence dans une grande intimité avec tous les hommes, qui tenterait de les séduire, qui prendrait avec elles la moindre liberté, serait traité comme un malfaiteur; on ne tolère pas même ces hommages obséquieux, qui ne sont en Europe que l'expression d'une politesse sans prétentions, et d'une galanterie sans désirs.

La violation des loix de la nature, et les honteux égaremens de l'amour, communs et souvent indécemment publics dans les pays chauds sont inconnus dans ce pays; et s'ils y ont lieu, d'après la rareté et l'obscurité de ces vices, ils ne peuvent être réputés nationaux.

Ce pays commence aussi à se purger de ces monstres humains, qui, privés de leur sexe, n'ont ni les grâces du sexe auquel ils n'appartiennent pas, ni l'énergie du sexe que leur avait donné la nature, et ont les vices de l'un et de l'autre. Avant l'empereur actuel, la cour en était remplie ; et actuellement l'impératrice, les autres femmes de l'empereur, et les femmes d'un haut rang, sont servies par des personnes de leurs sexe.

(9) Dans les relations avec les étrangers qu'admet le gouvernement, le Tunkinois se montre encore sous un aspect intéressant ; il n'a point la froide insouciance, et l'orgueil insensé des Asiatiques ; les Européens le trouvent communicatif, accueillant, serviable, disposé à donner les notions que désire la curiosité, s'efforçant de suppléer par des signes à la difficulté que la différence des langues met à la transmission des idées ; empressé à tirer instruction des Européens, dont ils ne se dissimule pas la supériorité.

(10) Ce peuple a la réputation d'être celui de l'Asie le plus avide de jeux et de plaisirs, le plus enclin à la gaîté ; disposition ordinaire des esprits légers, et peu portés à la méditation, et épanouissement des âmes pures, qui, n'ayant rien à dissimuler, cherchent, dans ce qui les entoure, des sujets de recréation.

(11) Il aurait assez de penchant pour le luxe, s'il n'était contenu par des lois somptuaires, qui règlent le degré de magnificence permis dans les habits, les meubles, les maisons, et le proportionnent aux dignités ; institution, qui peut être cri-

tiquée, en ce que restreignant les jouissances, elle ôte au travail et à l'industrie une solde qui leur est nécessaire, et un appas qui excite leur activité; mais d'autre part institution convenable pour borner les fausses jouissances, et particulièrement utile dans un état despotique, en ce qu'en donnant aux personnes investies du pouvoir, une distinction qui en impose à la multitude par des signes sensibles, elle dispose au respect, et par le respect à l'obéissance.

(12) Considéré sous des rapports politiques, le Tunkinois est encore digne d'éloge; il a pour son souverain l'affection qu'inspire un père, la confiance qu'on a en un guide, l'obéissance due à un maître. Quand il éprouve des vexations, il les impute aux sous-ordres; quand il ne peut se dissimuler que l'injustice vient du trône, il la considère comme une fatalité, qui tient à l'ordre des choses humaines; et à moins qu'il ne soit tiré de l'inaction par l'excès du malheur, ou mis en mouvement par des ambitieux, il attend du temps la réforme des injustices.

(13) Quoique, pendant long-temps, par défaut de discipline et de tactique, les Tunkinois n'ayant souvent paru sur les champs de bataille, que d'une manière peu honorable, on a toujours reconnu en eux plus de courage que dans la plupart des peuples Asiatiques; leur genre de courage n'est point une intrépidité froide, qui voit la mort

sans céder à la crainte, mais un élan impétueux, qui précipite dans les dangers. Dans les guerres que, dans les dernières siècles, ils ont eu contre les Chinois, ils les ont presque toujours vaincus; et la persuasion dans laquelle ils étaient qu'ils remporteraient la victoire, a servi à la leur assurer; depuis qu'ils sont disciplinés, ils forment de bons soldats, supportent de longues fatigues, et ne craignent pas d'attaquer des forces supérieures.

(14) S'il est reconnu que l'honneur n'est pas le ressort principal des gouvernemens despotiques, du moins il n'est pas rare qu'il s'y montre avec énergie, et dans les guerres civiles qui ont agité et déchiré ces pays, on a vu des hommes généreux prisonniers de leurs ennemis, se dévouer aux plus affreux supplices plutôt que de violer la foi jurée au souverain légitime, ou même plutôt qu'abandonner un parti avec lequel ils avaient pris des engagemens.

(15) Tant de qualités estimables sont ternies par quelques-unes repréhensibles, mais qui, pour la plupart, sont des défauts plutôt que des vices. Livré à son penchant naturel, le Tunkinois aime le repos avec passion, autant que la paresse peut avoir la force de la passion. Si quelque fois il se livre à de grandes entreprises, se soumet à de grandes fatigues, se dévoue à de grands travaux, c'est presque toujours dans la perspective d'acquérir les moyens d'obtenir un long repos; et cette

tendance à l'inertie, qui peut-être n'est pas très-contraire au bonheur, met obstacle à la confection des grands ouvrages, par lesquels s'illustre une nation.

(16) Un autre défaut qui dérive de la paresse, et la confirme, est la gourmandise, défaut qui, chez la plupart des nations, n'est fortement marqué que dans les dernières classes de la société, mais qui, dans le Tunkin, est si général, qu'il peut être considéré comme national. Dans les festins publics, non-seulement on mange à outrance, mais on cache dans ses vêtemens ce qu'on ne peut manger, et on l'emporte chez soi; ce procédé honteux originairement, est devenu si commun, qu'il cesse d'être secret et d'être honteux. Le manger semble le thermomètre du bonheur, et quand on veut témoigner à quelqu'un intérêt, on lui demande combien d'écuelles de riz il consomme à ses repas; la cuisine est réputée la première des chambres de la maison; et les dieux domestiques sont appelés les dieux de la cuisine. L'affection pour le manger occupe tellement l'imagination du Tunkinois, que c'est de cette action qu'il tire presque toutes ses métaphores: on dit *manger un marché* pour fréquenter un marché; *manger un vol*, pour voler; *manger une erreur* pour se tromper. Les jouissances même de l'amour sont exprimées par celui de l'appetit, *manger*, *demeurer* avec une femme signifie en jouir. Le droit de manger plus qu'un

autre, est une prérogative honorifique; dans les repas de corps les personnes les plus constituées en dignité ont une portion plus forte que celle des autres. Une grande marque de faveur que l'empereur accorde à ses courtisans, est d'envoyer chez eux des plats de sa table, et jusqu'à ces derniers temps on servait au souverain douze ou quinze dîners.

Quoique ce peuple soit très-gourmand, il n'est pas fort sujet à l'ivrognerie, et elle est plus commune dans les premières classes de la nation que dans les dernières. Les jeunes gens riches et du premier rang, mettent de la prétention à boire, et de la gloire à s'enivrer.

(17) On peut encore réprocher aux Tunkinois une trop grande sensibilité pour toutes les distinctions, une affection désordonnée pour tout ce qui a l'apparence d'une prééminence; vanité qui presque toujours préjudicie au véritable amour de la gloire; et qui dispose à la bassesse vis-à-vis des supérieurs, à la fierté, et à la hauteur vis-à-vis des inférieurs, qualités presque toujours concomitantes, et singulièrement remarkables dans le Tunkinois.

(18) La dégradation du caractère national dérive aussi de la multitude des céremonies et des humiliations. qui sans cesse rappellent l'infériorité de rang, et surtout de l'usage dans lequel est le gouvernement de se faire obéir par des coups;

que des hommes soient comme des animaux, dirigés et réprimés par la douleur physique, que cette percussion soit un régime, auquel toute la nation soit assujétie, il est impossible qu'un tel ordre de procédés ne flétrisse l'âme, et ne porte atteinte à cette élévation de sentiment, germe de tout ce qui est grand et noble.

(19) On ne peut voir aussi qu'avec une indignation mêlée de pitié la haine de ce peuple contre les Chinois leurs auteurs ; haine née de la fréquence des guerres, et qui survit à leur cessation ; genre de sentiment aussi absurde qu'injuste, et qui flétrit encore aujourd'hui le caractère des nations les plus éclairées, et les plus estimables.*

---

* Presque tous les peuples de l'Europe ont été constamment attaqués de cette maladie sentimentale ; on a vu cette haine régner entre les Grecs et les Troyens ; entre les Grecs et les Perses ; entre Sparte et Athènes, quoique membres d'une même confédération ; entre Rome et les peuples d'Italie ; entre Rome et les Gaulois ; entre Rome et Carthage ; enfin entre Rome et presque tous les autres peuples qu'elle appelait Barbares, et envers qui elle l'était. Dans nos temps modernes même haine entre l'Espagne et le Portugal ; entre quelques états d'Italie ; entre la plupart des états d'Allemagne ; entre la Suède et le Dannemarck, entre la Suède et la Russie ; entre les Français et presque tous les peuples leurs voisins, successivement le Flamand, l'Allemand, l'Italien ; entre le Français et l'Espagnol depuis le commencement du seizième siècle jusqu'à la fin du dix-septième ; entre la France et l'Autriche depuis que des princes Autrichiens ont

Les hommes ne sauront-ils jamais que, quelques soient entre eux les partitions politiques, ils ne forment dans une juste estime que deux nations, les gens de bien et les méchans.

Ce qui rend la nation Tunkinoise bien plus coupable, ce sont ses excès, ses violences, ses atrocités dans le temps des guerres civiles; mais quelle nation dans les temps d'effervescence et de convulsion, ne s'est pas montrée odieuse et méprisable.

(20) Les mœurs que nous venons de décrire sont celles du Tunkin de la Cochinchine, du Camboge, mais les mœurs du Tsiampa, du Laos, du Lac-tho, en sont plus ou moins éloignées, selon que les habitans de ces pays sont plus ou moins avancés dans la civilisation.

Les habitans du Tsiampa quoique placés au milieu de la Cochinchine lui sont inconnus, surtout ceux qui habitent les montagnes; tout ce qu'on sait d'eux est qu'ils sont errans, et qu'ils mènent une vie absolument sauvage; on ne connaît point d'Européen qui ait pénétré dans ce pays.

---

régné en Espagne jusqu'au milieu du dix-huitième siècle; entre le Français et l'Anglais depuis le douzième siècle, et sans qu'on puisse espérer voir bientôt finir cette aversion entre ces deux nations, qui par leurs grandes qualités placées à la tête des autres, devraient leur donner leçon et exemple.

La plus grande partie des habitans du Laos approchent plus de l'état de civilisation; cependant grand nombre d'entre eux forme des hordes errantes, dont plusieurs ne se connaissent pas, et sont encore moins connues de l'étranger.

Dans quelques-unes de ces hordes, les hommes sont absolument nus, et ne se nourrissent point de riz, mais seulement des fruits que leur livre le sol sans culture, et singulièrement d'un fruit nommé *Nau*, que les Chinois, et les Tunkinois emploient à la teinture.

Il est cependant dans ce pays des habitations fixes, et des villages, dont quinze ou vingt forment un arrondissement, qui reconnaît un chef; il y a même une ville capitale nommée *Tran-niah*, qui contient 4 à 5,000 habitans, mais qui est composée en grande partie d'étrangers, Chinois, Tunkinois, Cochinchinois, qui, chassés de leurs pays par la persécution d'un parti ennemi, ou fuyant la vexation, ou expulsés pour raison des délits qu'ils ont commis, viennent se refugier dans cette ville, ou y sont attirés par quelque spéculation de commerce; la fréquentation de ces étrangers a un peu adouci et policé les mœurs des indigènes.

Un genre de talent assez surprenant dans un peuple sauvage, est celui de jouer des marionettes, qui sont à-peu-près les mêmes qu'en Europe; les Laociens y ont un grand succès, et vont dans le Tunkin, la Cochinchine, et le royaume de Siam, offrir un spectacle qui doit trouver d'autant plus d'amateurs, que les peuples étant moins policés, sont par leur imperfection plus disposés à goûter le grossier et le burlesque.

L'hospitalité, un des premiers devoirs de l'homme, une des premières vertus pratiquées dans la société naissante, bannie aujourd'hui de l'Europe, où l'on n'offre sa table qu'à ceux qui en ont une, est encore en usage dans le Lac-tho, ainsi que dans plusieurs contrées de l'orient: mais elle a, dans ce pays, des caractères et des formes différentes de celles sous lesquelles elle se montre dans d'autres pays. L'Arabe Bedouin y voit un acte religieux, et croit que dieu l'appelle à donner à celui qui n'a pas, comme à dépouiller celui qui a; le Turc paraît se soumettre à une loi; c'est une injonction à laquelle il obéit sans répugnance et sans plaisir. Il est des peuples grossiers, chez qui l'hospitalité est un mélange de dureté et de bonté, le procédé de la bienfaisance y est insultant; on donne à manger à un passant, comme on jette un os à un chien. Chez des peuples vains, c'est un acte de faste; la bienfaisance prouve la supériorité du riche sur le pauvre. Chez des peuples sensibles, elle est affectueuse, celui qui donne jouit autant que celui qui reçoit. Dans le Lac-tho, ce n'est qu'un acte naturel, irréfléchi, estimé sans importance. Qui n'a pas, est réputé créancier de qui possède; le besoin donne des droits, et qui les méconnaîtrait paraîtrait agir contre nature. Les maisons sont ouvertes à l'étranger, dans la chambre où se tient la famille est un vase plein d'alimens; quiconque veut, peut en venir prendre sa part, sans en demander la permission; et quand il a satisfait son appetit, il s'en va, sans remercier, sans croire avoir obligation; si cet étranger se trouve bien dans la maison, il peut y rester tant que cela lui convient; mais alors en partageant la nourriture de la famille, il doit en partager les travaux.

Les jardins sont ouverts ainsi que les maisons, et qui veut, peut en cueillir et manger les meilleurs fruits; mais l'usage excessif qui a été fait de cette faculté a nui à la culture, l'intérêt personnel n'étant pas tellement éteint, qu'on se livre à de grands travaux, pour perfectionner un produit dont d'autres profitent.

Telle est la confiance dans la probité, qu'on laisse dans les champs la récolte sans surveillant et sans garde; il est presque sans exemple qu'il en ait jamais éte rien enlevé; et s'il se commettait quelque vol, l'auteur en serait bientôt découvert, poursuivi, et mis à mort. Il est aussi dans le Laos quelques villages, où l'on trouve les mêmes procédés et le même ordre social que dans le Lac-tho. Cette classe d'hommes a une bonhommie, une bonne foi, qui sont des qualités innées, et semblent inhérentes à leur nature; bienfaisans sans attention, sans égards, sans politesse, ils sont vertueux sans savoir qu'ils le sont.

Le regard s'arrète avec complaisance sur ces mœurs originelles, qui retracent l'enfance du monde; et le cœur s'épanouit à l'aspect de cette bonhommie qui effaçant les inégalités dures, mais nécessaires, qu'a mises entre les hommes l'établissement de la propriété, rend l'espèce humaine heureuse, intéressante, respectable; et realise pour tous ses membres le titre de frère, titre primordial, et ineffaçable. Si la collision des intérêts et l'injustice des passions ne s'opposaient à l'admission de telles mœurs dans les grands rassemblemens d'hommes, et ne les confinait dans quelques petites sociétés, isolées, et séquestrées des autres, cette ébauche de l'ordre social pourait paraître préférable à son perfectionnement.

Il n'est pas rare que, dans ces cantons, plusieurs familles habitent la même maison, et même couchent dans la même chambre, les gens mariés d'un côté, les garçons et les filles de l'autre; et il n'arrive presque jamais que d'un si grand rapprochement, il résulte des conjonctions illicites. On sait que les jouissances de l'amour ne doivent exister qu'entre personnes mariées, et quand la nature porte à goûter ces plaisirs, on ne les cherche que dans le mariage.

La seule débauche est celle des repas. Dans certains jours de fête un grand nombre de convives se rassemble autour d'un grand vase rempli d'eau, dans laquelle on met une pâte de nature à la faire, en trois ou quatre minutes, entrer en une fermentation, qui lui donne la qualité de ce qu'on appelle petit vin, et forme une liqueur capable d'enivrer; chacun en boit à son tour par aspiration au moyen d'un syphon. Le vase est marqué à divers degrés; et si le buveur ne fait pas, par une aspiration sans interruption, baisser la liqueur jusqu'au degré marqué, on remet de cette liqueur, et il est obligé de recommencer, jusqu'à ce qu'il ait rempli sa tâche, ou qu'il soit complètement enivré; les femmes assistent à ces orgies, et même y participent.

(21) Des différences notables dans les mœurs n'existent pas seulement d'état à état, mais de province à province, des villes aux villages, d'une aldée à une autre, d'autant plus que chacune d'elles ayant sur ses habitans une puissance réglémentaire, et inspection sur leur manière de vivre, la sagesse ou l'imprudence de leurs institutions, la vigilance ou la négligence dans l'exécution de ces institutions rendent les hommes plus ou moins vertueux, ou les portent au

vice, et à divers genres de vices. Il est des communes, où le voyageur est dans la plus grande sûreté, et où la propriété ne reçoit aucune atteinte, tandis que dans d'autres on n'est nullement à l'abri de la fraude et du larcin. Dans quelques aldées, les conjonctions illicites ne sont pas très-rares, dans quelques autres une telle liaison est un phénomène moral ; il est même des cantons où le bon esprit et le sage régime des communes est si général, que dans un arrondissement de cent ou deux cents communes il n'a, de mémoire d'homme, été commis un homicide.

Même différence encore entre les divers rangs de la société, ou entre les diverses professions. Les grands de l'état affectent le respect pour la vertu, sans la suivre, quelquefois sans l'estimer ; le peuple est plus franc dans son immoralité. Les vices des grands sont moins révoltans, parce qu'ils sont ou dissimulés, ou voilés par la délicatesse et la grâce. La gourmandise, défaut national, tient chez les riches à la qualité des mets, et se manifeste par une recherche érudite dans leur préparation ; la gourmandise du peuple tient plus à la quantité ; les mandarins lettrés ont plus de décence que les mandarins militaires ; souvent n'ont pas moins de perversité, et quelquefois une immoralité plus perfide. De telles différences pourraient être observées chez toutes les nations. Il est de grands traits qui les peignent en masse; il est des nuances qui en différentient les classes.

CHAPITRE VII.

Usages.

(1) Dans le Tunkin, ainsi que dans presque tout l'orient, se manifeste la grande puissance des usages; la répétition des mêmes actes et le ciment du temps produisent sur l'homme la plus forte impression; les organes sont altérés; les sensations modifiées; des goûts naissent; des mœurs se forment; des opinions sont conçues, qui sont soustraites à l'inspection de la raison. Ces usages plus forts que les lois, les dictent, les confirment, les énervent, les annullent, et créent des êtres étrangers à la nature.

Des usages suivis dans le Tunkin, plusieurs se raccordent avec l'organisation et les besoins de ses habitans; quelques-uns sont bisarres et sans objet, mais sans grand inconvénient; quelques-uns sont réellement nuisibles; l'empereur actuel, guide de sa nation par sa puissance et son génie, a laissé subsister ce qui n'est que bisarre; a eu la prudence de ne point attaquer ce qui est soutenu par les affections les plus fortes, ou les préjugés religieux les plus respectés; et dans ses réformes a employé l'exemple plus que les lois.

(2) Un des objets sur lesquels, dans tous les pays, les usages varient le plus, est la parure. Par une bisarrerie inconcevable, l'homme le mieux conformé, le plus beau, le plus agréable des êtres animés, multiplie les moyens pour paraître ce qu'il n'est pas, et souvent ne parvient qu'à gâter le chef-d'œuvre de la nature. Ici on applatit son front, là on écrase son nez, ailleurs on allonge ses oreilles, ailleurs on cicatrise la peau, ou l'on en fait la toile d'un tableau. Les Européens, qui se croyent les arbitres du goût en fait de parure, roulent leurs cheveux en boucles compassées, qui n'offrent que l'aspect d'une contrainte sans grâce, et ils couvrent ces cheveux d'une poudre blanche, qui cache la beauté de leur couleur, et affadit la physionomie. Leurs femmes en partageant ces défauts de la coëffure, y joignent un renforcement immodéré du tendre coloris dont quelquefois le sentiment pare les joues de la beauté. Par un

rouge foncé elles font perdre à leur peau sa fraîcheur et sa virginité, et donnent à leur figure un air d'impudeur et de dureté, directement contraire au genre d'agrément, qui appartient à leur sexe.

Les Tunkinois se sont préservés de la plupart de ces ridicules égaremens; les hommes et les femmes laissent flotter leurs beaux et longs cheveux noirs, sans en altérer la couleur, et sans les assujétir à un pli forcé; mais ils ne sont pas aussi sages dans l'ordonnance du reste de leur figure, dès qu'ils ont acquis l'âge de seize ou dix-sept ans, ils se teignent les dents, dont ils dédaignent la blancheur; c'est disent-ils, les avoir comme les ont les chiens; ils les teignent en noir avec un onguent tiré de la substance d'un arbre du pays, qu'ils appliquent en se couchant, et cette opération répétée pendant deux ou trois nuits, suffit pour fixer l'impression; ils substituent aussi à l'incarnat naturel des lèvres un rouge foncé, qui, joint à la noirceur des dents, donne à la figure un aspect dur et disgrâcieux. Ils laissent croître leur barbe, ce qui peut leur donner un air de force et de dignité; mais ils laissent croître aussi leurs ongles, ce qui s'accorde difficilement avec la propreté: les personnes d'un certain rang sont fort attachées à cette longueur des ongles, comme à un indice qu'elles ne se livrent point à des travaux manuels. Quelques femmes élégantes teignent leurs ongles de rouge, ainsi que leurs lèvres. Avec quelque indulgence qu'on juge les diverses modes de parure, celles-ci ne peuvent se concilier avec les règles essentielles du goût, qui prescrit de suivre l'intention de la nature, et de se restreindre à en corriger les imperfections, et à voiler les défauts de l'individu *.

(3) On mâche presque continuellement une composition de noix d'arcque et de feuilles de bétel, de chaux, de tabac, et quelquefois de girofle, la mastication de cette substance rougit encore les lèvres, donne une bonne odeur à la respiration, fortifie l'estomach. On en offre à toutes les personnes qui viennent rendre visite; et il est des années où il en coûte autant pour cette drogue, que pour le riz, objet principal de la nourriture. Les pauvres font usage du bétel surtout dans le temps de leur travail; et quand ils n'ont pas le moyen de s'en procurer, ils le suppléent par des herbes odoriférantes.

(4) On est assis par terre les jambes croisées; c'est l'usage de tous les orientaux; et on n'a

(*) Cette teinture des dents, et quelques autres modes empruntées de divers peuples de l'Inde, ont été cause que les Chinois, auteurs des Tunkinois, les ont méconnus, les considèrent aujourd'hui comme étrangers, et même les appellent barbares.

ni fauteuils, ni chaises, ni tabouret; les siéges sont formés chez les gens du commun par une natte étendue sur la terre, chez les riches par de petites estrades couvertes d'un tapis, et qui sont plus ou moins élevées selon le rang des personnes auxquelles on y fait prendre place. Les lits sont aussi composés de nattes avec des oreillers formés d'un tissu de jonc. Du reste, les appartemens sont dépourvus de meubles.

Hors de chez soi on porte sur la tête un parasol; les personnes considérables le font porter par un domestique; et la grandeur des parasols est proportionnée à la dignité. En outre, de petit globes de soie indiquent le degré de la dignité.

On voyage par eau, toutes les fois que cette voie est pratiquable; par terre il est rare que des gens du peuple voyagent autrement qu'à pied; il ne leur est pas cependant défendu de se servir de chevaux; mais ceux d'entr'eux qui voyageraient ainsi, auraient l'air de prétention et de vanité, et s'exposeraient à être insultés; ou si quelque mandarin les rencontrait, il pourrait emprunter leur cheval, et le temps où il le rendrait ne serait pas bien assuré. Les mandarins ont des chevaux pour les gens de leur suite.

Les gens riches, ou même aisés, voyagent en palanquin qui, en Chine, est une espèce de chaise, dans le Tunkin c'est un tissu de feuilles d'orties, qui forme une espèce de hamac, où l'on est couché ou assis les jambes croisées.

On est porté communément par deux ou par quatre hommes. Mais les grands seigneurs en ont jusqu'à seize, et avec des relais de porteurs on fait sept ou huit lieues par jour.

Le filet des palanquins diffère de couleur, suivant la qualité de la personne à qui il appartient. Pour les mandarins militaires, c'est la couleur rouge, pour les mandarins lettrés la couleur bleue, pour qui n'est pas mandarin le blanc.

Les mandarins militaires sont les seuls qui ayent droit de voyager montés sur des éléphans; un des conducteurs se met sur le col de l'éléphant, et l'autre sur la croupe.

(5) Un usage bien bisarre, et dont il est difficile de comprendre l'objet, est que les père et mère prennent le nom de leurs enfans, et sont appelés père et mère d'un tel, et grand-père ou grande-mère d'un tel; si cet enfant meurt, ou quand il se marie, les père et mère, ou grand-pere et grande-mère échangent de nom et prennent celui du second fils; un homme qui n'a point d'enfant s'appelle du nom de son neveu.

(6) La politesse Tunkinoise est moins formaliste, et moins cérémonieuse que la Chinoise, qui assujétit les actes les plus indifférens et les plus minutieux à des règles consignées dans un

code volumineux qu'on étudie et qu'on observe scrupuleusement ; ensorte qu'on distingue un lettré chinois par la précision et l'élégance de sa révérence.

Cependant cette politesse Tunkinoise admet nombre de formalités et de nuances dans les relations sociales ; elle se ressent du despotisme en ce que ses formalités vont jusqu'à l'humiliation, et de l'aristocratie en ce qu'elle porte dans tous ses signes des traces d'infériorité ou de supériorité.

Le salut ne consiste pas seulement comme en Europe dans une inclination de tête, mais dans une prosternation si profonde qu'il s'en faut peu que le front ne touche la terre*. L'inférieur seul salue ; le supérieur ne rend point le salut, mais marque seulement qu'il l'agrée. Quand il y a une grande infériorité, on répète quatre fois la prosternation. Dans la présentation à l'empereur, on fait quatre fois ces prosternations dans la salle qui précède celle où se tient l'empereur, qui vous voit à travers d'une jalousie, mais ne peut être vu. Le salut des femmes consiste à s'asseoir, et ensuite incliner la tête

---

(*) Ces saluts par prosternation ont eu lieu autrefois en Europe. Encore dans le huitième siècle on saluait un supérieur en se jettant à ses pieds, et en embrassant ses genoux. Ces formes ne subsistent plus que pour le Pape dont en baise les pieds.

jusques sur leurs genoux; dans le Lac-tho les femmes se relèvent et se rassoyent à chaque prosternation.

Pour entrer chez quelqu'un à qui l'on doit respect, on quitte ses sandales, et on ne se présente que pieds nus; chez l'empereur on n'entre que sans armes, et quand on est admis dans son cabinet, on n'y entre que par la porte de côté. Si un homme constitué en dignité rend visite à un homme qui ne soit revêtu d'aucune dignité, il envoye annoncer son arrivée, et on va le recevoir dans la rue à quelque distance de la maison.

Un homme d'un certain rang ne sort point de chez lui sans avoir un ou deux domestiques qui portent sa pipe, sa bourse à bétel, son éventail, son parasol; et les princes et grands mandarins sortent avec une suite nombreuse; d'autant que le faste des Asiatiques consiste principalement dans ce cortége, genre de faste très-vicieux, parce qu'il tient un grand nombre d'hommes dans un état d'inutilité.

Si l'on rencontre dans un chemin quelqu'un à qui on doit respect, on s'arrête, et même on descend de cheval ou de palanquin; si on l'aborde, ce doit être de côté, et on lui donne la gauche, qui est le côté honorable; si on marche en sens contraire, on prend le côté qu'il a délaissé; s'il est arrêté, on ne passe devant lui, qu'en s'inclinant et en courant; s'il passe pendant qu'on est arrêté, c'est une marque de respect de lui tourner le dos; mais les femmes sont dispensées de ce cérémonial.

Devant un supérieur on se tient debout, jusqu'à ce qu'il fasse signe de s'asseoir; et on s'asseoit à une distance plus au moins grande, suivant le degré de respect qui lui est dû; si, dans le cours de la conversation, on forme quelque demande, on se lève et on se tient debout, jusqu'à ce qu'il ait répondu à la demande. Devant l'empereur, on est toujours debout; cependant après l'audience, il permet quelquefois de s'asseoir, et même quelquefois il le permet aux étrangers pendant l'audience.

La contenance respectueuse devant l'empereur est de tenir ses mains enfermées dans ses manches. Après les salutations, dans le Tunkin on croise ses bras sur sa poitrine; en Cochinchine, on les élève au dessus de sa tête. Le compliment d'usage à l'empereur est de le saluer pour deux mille ans, ce qui signifie qu'on lui souhaite une vie de deux mille ans; si l'on lui présente une requête, ce n'est qu'à genoux.

Le temps des visites est le matin; c'est aussi le temps où l'empereur donne audience; elle commence à la première heure du jour qui répond à notre sixième heure du matin, et elle dure deux heures.

Dans les visites on offre toujours du thé, de l'areque, et du bétel.

Il est de bon ton de ne point faire attention aux personnes du sexe qui sont dans la maison, tant qu'elles ne font que passer dans l'appartement : mais ensuite, quand elles se rassemblent pour venir saluer l'étranger, on s'entretient avec elles. Dans ces visites elles ont, par modestie, la plus grande partie de leur visage couvert de leurs longs cheveux; elles ne parlent que pour répondre aux questions; et presque toujours leurs réponses sont monosillabiques. Après une courte entervue, la principale d'entre elles, demande pour toutes la permission de se retirer; elles disparaissent, et on ne les revoit plus.

Le même bon ton prescrit à un supérieur de ne louer aucun des meubles de la maison, ou des bijoux qu'il y voit; on se croirait obligé de les lui envoyer le lendemain.

Les enfans vont deux fois par an saluer en cérémonie leur père et mère; et ce devoir est rendu au premier jour de l'an, et au cinquième jour de la cinquième lune.

C'est un usage régulièrement observé dans le Tunkin, ainsi que dans tout l'orient, de ne point aller chez un supérieur, sans lui offrir quelque présent; quand ce ne serait que quelques fruits ou autres objets de peu de valeur, et il faut avoir attention de ne point offrir des présens d'une valeur égale à des mandarins d'une dignité inégale, le supérieur s'en offenserait; l'acceptation des présens est une preuve de disposition favorable, le refus une preuve de défaveur.

Dans les repas il y a des tables séparées, dont chacune ne peut contenir que quatre convives; elles sont rangées à la file, et on y prend place à raison des dignités; il n'y a point lieu d'offrir sa place à un autre, ces places sont réglées, et qui ne prendrait pas celle qui lui appartient, y serait ramené.

Les premières tables sont mieux servies que les dernières; et il règne entre elles, et entre les convives de chacune d'elles un ordre aristocratique. On ne mange à aucune d'elles, qu'on n'en ait reçu l'exemple et l'invitation des tables supérieures; et à chacune de ces tables la personne la plus constituée en dignité commence par manger; et par un signe obligeant invite à l'imiter. A chaque table et surtout aux inférieures, on ne parle qu'à demie voix, et on ne l'élève pas plus qu'il n'est nécessaire pour être entendu des personnes, auprès desquelles on est placé. Le repas se termine par des éloges sur la bonne chair, c'est un tribut de politesse et de reconnaissance qu'on doit payer au maître de la maison. Des formalités aussi multipliées, et aussi gênantes altèrent nécessairement le plaisir de la table ; mais en établissant jusques dans les moindres relations sociales, l'empreinte de la soumission et de la dépendance, elles cimentent des sentimens qui, dans les états despotiques, ne peuvent être trop souvent rappelés.

On observe dans les repas une grande propreté ; au lieu d'extraire de sa bouche, avec ses doigts, comme il se pratique en Europe, les os de la viande, ou les arrêtes de poisson, qui y sont engagés, cette extraction ne se fait qu'avec de petits bâtons. En sortant de table on se lave la bouche, les mains, et le visage.

Les femmes n'assistent point aux repas publics ; elles en sont exclues soit par la vanité des hommes qui les considèrent comme des êtres inférieurs, soit par la crainte que dans une assemblée, où l'on peut s'échauffer par l'action des alimens et de la boisson, la modestie du sexe reçoive quelque atteinte.

Dans la saison sèche, les gens du peuple mangent sur des nattes à la porte de leurs maisons, et ne sont point honteux d'exposer aux yeux des passans la frugalité de leurs repas, d'autant que quelques médiocres qu'ils soient, ils suffisent pour satisfaire l'appetit.

Nous verrons, en traitant de la langue, de combien de formes obséquieuses l'élocution est susceptible; mais nous observerons dès à présent que les personnes du premier rang, surtout les lettrés, parlent avec plus des réserve et de gravité que le peuple; choisissent mieux les expressions, s'abstiennent de celles qui peuvent avoir une interprétation licencieuse, annoncent avec plus de finesse leurs marques d'attention; mais s'ils ont cette observation dans la société, dans l'intérieur de leurs maisons ils se soustrayent à cette gêne, et ont les manières, et parlent la langue du peuple.

ENTERREMENS.

(7) De toutes les cérémonies, la plus solennelle, la plus imposante, la plus dispendieuse, celle à laquelle on attribue une plus grande importance, est l'enterrement. De tout temps les hommes ont attaché un grand intérêt aux restes inanimés des personnes qui leur étaient chères; les anciens considéraient comme une grande honte et un grand malheur, que ces restes fussent sans sépulture; parmi les modernes des cérémonies lugubres et religieuses constatent les adieux funèbres des survivans; et des inscriptions ou des monumens illustrent la demeure souterraine des hommes qui ne sont plus; mais il ne paraît pas que dans aucun temps ni dans aucun pays ces solennités ayent eu l'éclat et la pompe qu'elles ont dans le Tunkin; et

c'est un contraste bien surprenant, que tandis qu'en Asie on solennisait ainsi la disparution du nombre des vivans, il ait été ordonné en Italie que les corps des morts de tout rang fussent jetés pêle mêle dans un tombereau comme des immondices et ainsi transportés hors de la ville dans une fosse commune pour tous les cadavres. Ce sont deux genres d'excès répréhensibles; il est insensé de ruiner les vivans pour honorer les morts; il est imprudent de ne rien accorder aux sens; faire cesser subitement le sentiment pour ce qui en était l'objet, est un moyen de l'altérer dans le temps où il doit subsister.

Obtenir les honneurs d'un bel enterrement, est un grand objet d'ambition pour un Tunkinois; il en est qui travaillent toute leur vie, et se refusent à toute espèce de jouissances, afin que, par le fruit de leurs économies, leur pompe funèbre soit plus magnifique. Quand le défunt ne laisse pas assez d'argent pour cette dépense, on vend ses terres pour y suppléer; quand ses terres ne suffisent pas, les enfans se cotisent pour cet acte de piété filiale; et quelquefois pour y satisfaire ils vendent leurs propres terres. Quelquefois les parens, les amis du défunt contribuent aux frais de l'enterrement; on tient régistre de cette dépense, et à la mort de celui qui l'a faite, on est obligé d'en faire pour lui une semblable; et si la famille est pauvre, elle peut demander à la commune dont était le défunt d'y contribuer; jamais cette contribution n'est refusée, et tous les habitans y coopèrent de leur bourse, ou par leurs travaux. Un bel enterrement fait grand honneur à une famille; on en parle quelquefois cinquante ans après, comme d'une pompe célèbre, et d'un événement.

Les cercueils sont superbes, formés d'un bois d'élite, poli, vernissé, ordinairement peint en rouge, souvent orné de sculpture, doré dans les parties sculptées, et décoré d'inscriptions, qui contiennent des vœux pour que le défunt jouisse d'un sort heureux dans le séjour où il va se rendre.

Les gens riches font faire de leur vivant le cercueil qui doit leur servir, le placent dans la salle de compagnie comme meuble de décoration et s'en servent comme d'un coffre, en attendant son dernier usage. Les personnes qui viennent en visite dans la maison ne manquent pas de donner une attention particulière à ce cercueil, et d'en louer le goût et l'élégance.

Quelquefois les enfans se cotisent pour faire faire secrètement un magnifique cercueil pour leur père ou autre parent; et quand le cercueil est fait, ils surprennent agréablement la personne à laquelle il est destiné, en le faisant inopinement transporter dans sa chambre; et ce procédé de la piété filiale est imité par la reconnaissance envers les bienfaiteurs.

On garde les corps morts très-long-temps avant de les enterrer, quelquefois chez les gens riches pendant un an ou même deux ans; parce que ce délai est nécessaire pour la préparation de la cérémonie, ou pour la vente des terres, dont le prix sert à la dépense de cette solennité. Pendant tout ce temps le cercueil reste dans la salle de compagnie, mais ne répand aucune mauvaise odeur, parce qu'il est formé d'un bois très-épais, et fermé hermétiquement. On le remplit de riz, de hardes et d'étoffes pour servir dans l'autre monde au défunt, à qui on met dans la bouche des pièces d'or et d'argent; les pauvres suppléent ces métaux par des papiers dorés ou argentés. A l'heure de chaque repas on apporte au défunt avec cérémonie et avec une musique funèbre différens mets, et on le supplie d'en manger; le chef de la famille fait son éloge, déplore la perte qu'on a faite, et offre au ciel des sommes immenses s'il veut le ressusciter. Pendant le temps de ce dépôt on vient rendre des visites au défunt; et la personne qui le visite, quelque supérieure qu'elle lui soit, ne paraît devant lui que comme un inférieur, et n'approche du cercueil qu'après quatre prosternations.

Le transport au lieu de la sépulture se fait avec de grandes solennités, dont une des plus remarquables, est que le fils aîné, ou plus proche parent du défunt, la tête entortillée de paille, marche devant le cercueil ; et de temps en temps se jette à terre, pour arrêter le défunt, et l'empêcher de quitter la famille. On met sur ce cercueil un vase plein d'eau, et s'il n'en est pas tombé une goutte, on regarde le maintien de cet équilibre comme un très-heureux présage ; et les porteurs sont récompensés. Le transport dure très-long-temps d'autant qu'on marche très-lentement, et qu'on fait beaucoup de pauses ; et le convoi se termine par un grand repas, auquel sont invités tous les assistans ; car dans ce pays, manger est la conclusion de toutes les cérémonies gaies ou tristes.

On attache une grande importance au lieu de la sépulture, et à une certaine correspondance avec les montagnes et les fleuves qui est examinée par des experts. Le terrein qui a des propriétés favorables, est payé quarante ou cinquante fois plus cher, qu'il ne le serait sans cette propriété ; et si par la suite on découvre un terrein encore plus favorable, on y transporte les débris du défunt. Ce serait une honte, et une calamité pour la famille que le lieu de la sépulture ne restât pas intact ; on croirait que le défunt aurait perdu la faculté d'opérer le bonheur à sa famille.

Les funérailles des grands de l'état se font avec une pompe et une dépense incroyable. A celle de l'empereur sont employés, l'armée, les éléphans, les galères; on y fait usage avec profusion de soieries, d'or, d'argent, de comestibles, et on enfouit avec le corps de l'empereur des sommes énormes. Dans la derniere guerre civile, les rebelles les ont pillées; et quoiqu'une partie leur ait échappé, ce qu'ils en ont tiré a été si considérable, que pendant un temps les espèces monnoyées ont été beaucoup plus communes.

Les anniversaires de la mort sont célébrés par des cérémonies du même genre, moins pompeuses, mais qui, dans les familles considérables, sont continuées pendant plusieurs générations; quelquefois jusqu'à la vingtième. Tous les parens sont invités à ces solennités, et obligés de contribuer aux frais. Ceux qui y manqueraient, se déshonoreraient, et seraient condamnés en justice à une amende.

DEUIL.

(8) Le deuil se porte en blanc; le vêtement ne doit être que d'une étoffe grossière, et n'est retenu que par une simple ceinture. On se coupe les cheveux à la hauteur des épaules.

Pendant le temps du deuil les enfans du défunt ne couchent point dans des lits, mais sur de simples nattes, s'interdisent l'usage de toutes liqueurs fermentées, se réduisent à des alimens simples et grossiers, servis dans une vaisselle d'une qualité commune; on ne doit point paraître en public, on ne peut point se trouver à des noces, ni a aucune assemblée, ni remplir une fonction politique, à moins qu'on ne puisse être remplacé; si on est obligé de se trouver à une assemblée de commune, on s'y place hors rang. Si le deuil est pour l'empereur, comme il est général, il est nécessaire qu'on se trouve aux assemblées de commune; mais alors elles se tiennent sans solennité et sans observation de rang.

On reste enfermé chez soi avec sa femme et ses enfans, et on ne reçoit que ses parens qui partagent le deuil. Si pendant ce temps, il survient quelque affaire, on s'abstient autant qu'il est possible d'aller trouver la personne avec laquelle on doit traiter, et on l'engage à venir chez soi. On va cultiver son champ ou pêcher, et on vaque librement à tous les travaux qu'on peut faire seul; que si on est obligé de se trouver à quelques travaux qui exigent coopération, on ne se permet d'y parler, que quand il y a nécessité absolue.

Pendant le deuil, les enfans ne peuvent se marier; cependant il y a exception pour le fils aîné, à cause de la nécessité d'avoir une femme pour la conduite de la maison; mais la longue durée des deuils retient quelquefois les filles dans le célibat pendant plusieurs années; aussi quand le père ou la mère sont attaqués d'une maladie grave, elles s'empressent de contracter mariage.

Le deuil de la femme pour la mort de son mari est de trois ans, le deuil du mari pour la mort de sa femme est de deux ans; le deuil des enfans pour la perte de père ou de mère est de la même durée; celui pour la mort du souverain doit être de trois mois, mais presque toujours il intervient ordre de l'abréger; et ordinairement il n'est que de vingt-sept jours. Pendant ce temps, il n'y a ni spectacle, ni réjouissances, ni festins; les assemblées communales ou autres n'ont lieu que quand elles ne peuvent être différées.

Les secondes femmes du souverain après son décès, peuvent se retirer dans des temples, et y vivre avec dignité, mais en recluses; elles peuvent sortir de ces retraites pour se remarier, mais ce ne peut être qu'avec des gens du peuple; et alors elles perdent leur rang et leur traitement. Un homme considérable n'oserait épouser une veuve de souverain, vraisemblablement parce qu'il paraîtrait vouloir être instruit de ses secrèts; on ne connaît point d'exemple que la première femme du souverain se soit remariée.

FETES.

(9) Il n'y a point de jour de fête, où le repos soit prescrit par la loi, excepté les trois premiers jours de l'année, ce qui revient à-peu-près au dernier Dimanche du carnaval d'Europe. Pendant ces trois jours il n'est pas permis de travailler, ce serait une impiété, et la commune condamnerait à l'amende. On ne peut vendre ni acheter ; il y a même des personnes qui s'abstiennent de faire la cuisine. Dans quelques communes on ne peut rien faire pendant ces trois jours qui fasse le moindre bruit ; on fait des sacrifices aux ancêtres ; on se visite dans les familles, on passe presque tous ces trois jours à manger, d'autant que partout où l'on va, on propose à manger, et il ne serait pas poli de refuser : l'administration de la justice, et le service militaire sont suspendus.

Pendant tout le reste de cette lune, les gens riches et les artisans qui sont moins pressés de travailler pour leur subsistance que les cultivateurs et les pêcheurs, se livrent aux plaisirs et aux réjouissances, c'est-là le temps des fêtes, de la comédie, de la musique, des feux d'artifices dans lesquels cette nation excelle, mais moins pourtant que la nation chinoise. C'est aussi le temps des jeux; et c'est une époque où nombre de gens riches se ruinent.

Cet usage de faire cesser le travail, et de se livrer aux plaisirs pendant une longue suite de jours, fait perdre l'amour du travail et inspire le goût de l'oisiveté et de la dissipation. Il y a bien plus de sagesse dans l'usage d'Europe tracé par la foi chrétienne, d'intercaler les jours de travail, de repos, de plaisirs, de devoirs religieux. Indépendamment de ces temps extraordinaires de réjouissance, les gens oisifs des villes se rassemblent habituellement dans des maisons publiques pour y boire du thé et y manger des fruits; mais on n'y boit point des liqueurs fermentées, on va les acheter chez ceux qui les fabriquent.

SPECTACLES.

(10) Les Tunkinois aiment beaucoup les spectacles; cependant ils n'ont point de salles publiques pour leur représentation, où tout le monde est admis pour son argent; les grands seigneurs, les gens riches ont, dans leurs appartemens, de grandes pièces, dont une partie est occupée par un théâtre, le reste par les spectateurs. Quand on donne un grand repas, on loue pour ce jour là les comédiens, baladins, et sauteurs pour toute la journée. Les spectateurs entrent dans cett

salle, et en sortent à diverses reprises; tant qu'il en reste quelqu'un, la représentation continue. Les tours de force et d'adresse y sont surprenans; et les danseurs de corde européens n'approchent pas de l'adresse des Tunkinois, de la justesse, de la précision de leurs mouvemens, de le hardiesse de leurs tours. Nous donnerons ailleurs une idée des drames.

JEUX.

(11) Tous les genres de jeux trouvent dans le Tunkin des sectateurs, jeux d'exercice du corps, jeux d'adresse, jeux de hasard, jeux de combinaison.

On joue à la balle avec une plus grande dextérité qu'en Europe; au lieu d'une raquette ou d'un batoir, on ne fait usage que d'un simple bâton.

Le jeu de volant exige une grande légéreté, quand le volant retombe le joueur fait un saut, et le renvoye avec la plante du pied.

Dans les jeux de cartes, les parties sont de quatre personnes, les cartes ne représentent point de figures, mais des caractères d'écriture; et le gain dépend de combinaisons entre ces caractères

Il est un jeu qui tient beaucoup de celui qu'on nomme en Europe le solitaire.

Les combats de coqs peuvent être comptés parmi les jeux ; les personnes riches font élever et former des coqs pour ces combats, et on fait des paris sur la victoire. L'empereur a des coqs qui sont presque toujours victorieux ; les courtisans ne manquent pas de parier contre ces coqs, et la perte du pari, est une manière détournée de faire un présent à l'empereur.

De tous les jeux, celui auquel on risque le plus d'argent, et où souvent on se ruine, ressemble à celui de croix ou pile. On fait tourner sur une assiette une pièce de monnoye, puis on la recouvre avec une écuelle, et on fait des paris sur le côté sur lequel la pièce retombera.

Le jeu d'échecs est le plus célèbre ; il peut être considéré comme un jeu national, et pour cette raison mérite d'être décrit ; il est plus pittoresque, plus compliqué et susceptible de plus de combinaisons que celui d'Europe ; l'échiquier représente un champ de bataille, qui est composé dans sa largeur de neuf lignes et de douze dans sa longueur ; les six lignes d'en haut forment le terrein occupé par une armée, les six lignes d'en bas le terrein occupé par l'autre armée ; entre ces deux armées est un espace vide qui représente un fleuve.

Chaque armée est composée d'un roi, deux mandarins, deux éléphans, deux chevaux, deux chars, deux canons, cinq pions ou soldats, ce qui forme seize pièces comme dans le jeu européen; mais les pièces sont placées sur les lignes et non dans les cases; le roi, les mandarins, les éléphans, les chevaux, les chars sont placés sur la ligne du fond, les canons deux lignes au dessus, les soldats à la cinquième ligne en avant. Le roi a quartier général formé de neuf places et n'en peut sortir; il marche en tout sens, mais ne peut faire qu'un pas à la fois. Les deux mandarins placés auprès du roi, ont la même marche que lui, et ainsi que lui ne peuvent sortir de ce quartier-général. Les chevaux ont la même marche que les chevaliers dans le jeu européen. Les éléphans ont la même marche que celle des chevaux, avec la différence qu'ils enjambent une ligne transversale. mais ils ne peuvent aller au delà du fleuve. Les chars ont la marche des tours. Les canons peuvent passer d'une extrémité de l'échiquier à l'autre en ligne droite; mais il faut qu'il y ait une pièce de l'ennemi entre eux et la pièce qu'ils prennent. Les pions ne font qu'un pas, et peuvent passer le fleuve; jusqu'à ce qu'ils l'ayent passé, ils ne peuvent marcher qu'en avant et en droite ligne; après qu'ils ont passé le fleuve, ils peuvent aller en droite ligne, et à droite et à gauche, mais ne peuvent reculer.

Le gain de la partie dépend de la prise du roi ; on avertit quand on lui donne échec. Quand les deux rois se trouvent sur la même ligne sans aucune pièce entre deux, celui qui s'y est mis le dernier a perdu, et il peut être forcé à prendre cette position, quand il est attaqué dans la sienne et n'en a aucune autre libre, et où il soit en sûreté.

Outre les jeux de société, il en est de publics et solennels, qui se célèbrent avec règle et pompe ; des combats de coqs qui excitent un grand intérêt ; des luttes qui quelquefois ont un caractère religieux ; des courses de galères ou celle qui devance les autres reçoit un prix; des parties d'échec dont les pièces sont des personnages vivans placés sur un grand espace de terrein, fermé par des planches, et où sont marquées des cases ; d'un côté de cet échiquier sont des garçons vêtus d'une couleur, de l'autre côté des filles vêtues d'une autre couleur ; les uns et les autres représentent des pièces, et en portent sur la tête l'inscription : les communes jouent les unes contre les autres, et les particuliers font des paris. On nomme de chaque côté des directeurs de la partie; et l'habileté à ce jeu donne une grande célébrité.

CHAPITRE VIII.

Langue.

---

(1) LA langue d'une nation donne la mesure de ses pensées et de ses connaissances, porte l'empreinte de ses affections et de ses goûts, et ainsi offre l'effigie de l'esprit et du caractère national. Emphatique et exagérée dans les pays chauds; simple et naturelle dans les pays froids; modérée et gracieuse dans les pays tempérés; grossière dans une société naissante; élégante chez une nation polie; chez une nation chaste, libre sans être indécente; chez une nation corrompue réservée et voilée *; laconique et énergi-

---

* Parce que la nudité naturelle doit être soustraite à des yeux lascifs.

que dans la démocratie; obséquieuse et même humble sous le joug du despotisme; elle prend encore des nuances différentes dans les différentes classes de la nation; métaphysique, chez les savans, diffuse chez les érudits, épigrammatique chez les gens de lettres, formaliste, et quelquefois pédantesque chez les gens de loi, vive et franche chez les gens de guerre, fine et flatteuse à la cour, légère et séduisante dans la bouche des femmes. Elle adopte et généralise les mots techniques de la profession la plus répandue, et les expressions les plus familières à la classe de la société en possession de donner le ton; enfin, elle se ressent des modifications, qui surviennent dans le gouvernement, les intérêts, les affections, les plaisirs, les mœurs.

(2) Pour prouver laréalité de ces nuances et de ces révolutions, avant d'en faire l'application à la langue Tunkinoise, il est expédient de les observer dans la langue la plus répandue en Europe.

La langue Française qu'on ne peut méconnaître à cette indication, n'est pas entièrement affranchie des locutions sauvages des Gaulois, anciens habitans du sol de la France; elle a conservé des expressions, et des formes de la langue des Romains et des Francs, conquérans de ce pays; elle a été pauvre et rude dans les temps où les grands de l'état casernés dans leurs châteaux, dédaignant l'art de lire et d'écrire, n'estimaient que l'art de l'homicide, et où les hommes nés dans leurs territoires n'avaient point le droit d'en sortir. Dans le temps de la chevalerie, elle a été religieuse, héroïque, amoureuse, inconséquente, comme ces preux chevaliers ; dans les commencemens du seizième siècle, lorsque les sciences, les lois, la littérature ont commencé à parler Français, et lorsque les femmes ont été appelées à la cour, elle a reçu le type de ce qu'elle est aujourd'hui. Vers la fin de ce siècle, lorsque les Français osèrent sonder les bases des institutions religieuses et civiles, la langue a eu une énergie, une audace d'expression, qu'elle n'a pas surpassée, que peut-être même elle n'a pas égalée depuis son perfectionnement. Dans le dix-septième siècle, sous Louis quatorze, elle est devenue régulière, riche, élégante, galante, brillante, pompeuse, noble ; et par ses grands succès dans la chaire et au théâtre, dans la prose et dans la poésie, elle a commencé a acquérir un caractère d'universalité plus marqué, que n'avaient eu dans le siècle précédent, les langues Italienne et Espagnole. Sous Louis quinze elle a été plus précise, plus métaphysique. Elle était déjà la langue de la littérature, elle est encore devenue celle des sciences. Pendant la révolution, falsifiée, exagérée, dure, grossière, féroce, elle a pris un caractère contraire au caractère national, mais conforme à l'impulsion du moment. Chez toutes les nations telle est la langue; que de ce qu'elle est, on peut conclure ce qu'est la nation; et de ce qu'est la nation ce qu'est la langue.

(3) Ces caractères, ces rapports, cette analogie sont reconnaissables dans la langue Tunkinoise, qui diffère essentiellement des langues Européennes, et participe au caractère des langues de l'orient, caractère que ces langues tiennent de l'organisation des Asiatiques, de leurs idées, de leurs affections, de leurs intérêts. Emigré de la Chine, le Tunkinois en a conservé l'idiôme; mais long-temps ennemi de sa patrie originaire, et en ayant été séquestré par la guerre, il a tellement modifié, et dénaturé la prononciation de cet idiôme qu'aujourd'hui les deux nations ne s'entendent plus. La Cochinchine démembrée du Tunkin parle la même langue; mais séparée de ce pays par des montagnes, et souvent par l'état de guerre, elle a dans ses expressions des modifications qui lui sont particulières. Le bas Camboge, étant incorporé dans la Cochinchine, parle la même langue; mais nous ne pouvons dire, si elle est aussi celle du haut Camboge.

Le Tsiampa, le Lac-tho, le Laos ont leur langue particulière; et même dans ce dernier pays, plusieurs des hordes sauvages qui l'habitent, étant errantes et ne se rencontrant que rarement, ne s'entendent pas les unes les autres.

Dans chacun de ces pays, le degré de civilisation auquel leurs habitans sont parvenus, est reconnaissable par l'idiôme qu'ils ont adopté et les modifications qu'ils y ont admises.

La langue nationale est la seule que parlent les Tunkinois ; concentrés dans leur pays, ils n'ont besoin d'aucune autre langue ; cependant les commerçans parlent un Portugais dégénéré, qui est la langue de la mer du sud, comme la langue Franque est la langue de la mer Méditerranée. Le gouvernement a des interprêtes de quelques langues des pays voisins, mais d'aucune langue Européenne, excepté le Portugais.

(4) Considérée dans son organisation, la langue Tunkinoise présente, au premier aspect, les défauts d'une langue sauvage, qui ne marque point, dans ses expressions, les modifications des idées. En effet, elle n'a ni genre, ni nombre, ni temps, ni déclinaison, ni conjugaison ; mais cette défectuosité est réparée par des particules qui forment le ressort général de l'idiôme.

Les mots n'ont, pour la plupart, qu'une sillabe ; quand ils en contiennent plusieurs, elles sont presque indépendantes dans la prononciation, et dans l'écriture elles sont séparées ; mais leur connexion est marquée par un tiret. Il manque aussi aux mots, la distinction du singulier, et du plurier ; mais une particule indique s'ils doivent être entendus de l'unité ou de la pluralité. Cette acception peut aussi être déterminée par l'adjonction à un autre mot, dont le nombre est spécifié par une particule, ainsi *tête d'homme* signifie une tête, *tête des hommes* signifie des têtes.

Il est quelques mots qui sont également substantifs et verbes, alors c'est encore une particule qui en désigne l'acception.

Les pronoms sont rendus par des termes très-variés, qui en différencient la signification. Le pronom interrogatif, qui, placé après le verbe, veut dire quelqu'un.

Quand les adjectifs, par leur nature, n'indiquent point quel est le mérite ou le démérite des qualités qu'ils expriment, un adverbe placé après l'adjectif, marque approbation, ou improbation. Des particules expriment encore le comparatif et le superlatif. Au lieu de l'adjectif négatif, qui dans nos langues Européennes, est formé par une particule incorporée au mot, ou placé devant, l'adjectif, on fait précéder la particule essentiellement négative; au lieu de dire *inoui*, on dit *non oui*.

Le verbe, n'ayant qu'un infinitif, est entendu comme infinitif quand il n'est précédé d'aucun nom ni pronom. La personne ou le nombre auxquels le verbe doit s'appliquer sont désignés par le pronom qui les précède, *je parler*, *toi parler*, *il parler*, *nous parler*, &c.

Les divers temps l'imparfait, le parfait, le

futur sont désignés par diverses particules, le présent n'en a pas besoin. Ce sont aussi des particules qui caractérisent l'optatif, l'impératif, le subjonctif; il n'y a point de passif, mais il est suppléé par une expression qui a un caractère impersonnel. Il n'y a point non plus de participe, on le remplace par un pronom copulatif, au lieu de dire aimant, naissant, on dit *qui aime, qui nait*.

Cette langue a des prépositions qui répondent aux nôtres, *par*, *pour*, *avant*, *après*; elle a aussi des particules copulatives et disjonctives. Elle abonde en adverbes dont la répétition renforce l'expression du sentiment. Des interjections fréquentes expriment la joie ou la douleur, et dans les éloges des morts lors des pompes funèbres, presque à chaque phrase on place une interjection de douleur.

Quand on parle en public, on joint aux mots les plus importans des mots additionnels et supplémentaires qui sont estimés les corroborer.

Deux substantifs étant placés l'un à côté de l'autre, le premier gouverne le second : *argent, Jacques*, veut dire argent de Jacques.

Les diminutifs sont marqués par l'adjonction d'une syllabe; et il est aussi de ces adjonctions qui témoignent estime ou mépris.

Une bisarrerie de la langue Française est

de donner un sexe à ce qui n'en a pas, et en est le moins susceptible, et de masculiniser ou de féminiser non d'après la force des choses, mais d'après la nature du son de leurs noms; le Tunkinois plus sage ne donne dans ses expressions un sexe, qu'à des êtres animés, et le marque par la désinence des syllabes.

La marche de cette langue est sage et régulière, l'ordre des expressions suit l'ordre des conceptions; l'objet est d'abord énoncé, ensuite l'attribut, et dans l'entre d'eux est la liaison de l'un avec l'autre.

Lorsqu'il y a inversion, elle change le sens *toi rire* veut dire tu ris, *rire toi* signifie on rit de toi.

(5) Si de la décomposition du mécanisme de cette langue on passe à l'observation de son caractère, on la trouve riche ou stérile sur divers objets, selon qu'ils fixent l'attention ou excitent des sentimens; elle est riche dans le dénombrement des productions du sol, dans la distinction des périodes de la végétation, de la sémence, de son développement, de sa croissance, le riz mis en pépinière, planté, mûr, récolté, seché, a des noms différens. Il en est de même pour les animaux aquatiques, des noms sont donnés à leurs diverses espèces, aux différences qui se trouvent dans la même espèce, à leur âge, à

leurs ruses, aux artifices, aux engins dont on se sert pour les prendre; mais cette langue si riche sur ces objets est pauvre quand il s'agit d'exprimer les procédés des arts mécaniques, et plus encore les procédés des beaux arts, elle est absolument indigente dans l'expression des idées abstraites.

Affectueuse, surtout quand elle exprime les regrets qu'inspire la perte des parens; elle a pour la douleur des expressions sentimentales, dont il serait difficile de trouver des équivalens dans d'autres langues; mais elle ne nuance point les gradations du sentiment. Si la suppression des articles abrège l'expression, la multitude des particules l'allonge sans toutes fois la rendre diffuse.

Rarement on se sert de métaphores, mais quand on adopte à un sujet l'expression qui appartient à un autre, il est assez commun que, dans l'intérieur des terres, cet emprunt soit tiré des opérations de la culture, et sur les côtes des opérations de la pêche.

Cette langue est surtout abondante en formules obséquieuses, et en protestations de dépendance, l'assurance de respect qui, dans toutes les langues, devrait être le témoignage du sentiment le plus honorable pour celui qui en est l'objet, est dans la langue Tunkinoise ainsi que dans toutes les langues des peuples policés, un tribut de subordination et non une preuve d'estime.* Non-seulement les expressions respectueuses et soumises sont d'usage en parlant à un homme constitué en dignité, mais même elles ont lieu dans la conversation entre parens ; un fils ne peut les omettre en parlant à son père ou à sa mère; l'empereur même, malgré l'éminence de sa dignité, se conforme à cette règle vis-à-vis sa mère. Une femme parlant à son mari, se dit sa servante. La qualification de primogéniture est honorable et caractéristique de supériorité ; la fille d'une seconde femme en parlant à la première, l'appelle sa mère; et ne pouvant donner ce titre à deux personnes, elle appelle sa mère naturelle, sœur aînée. Il est des termes équivalens à ceux de *monsieur* et de *madame* ; il en est qui répondent aux termes d'excellence, altesse, majesté.

Les anciens Européens en adressant la parole à un homme, quels que fussent sa puissance et sa

---

* On ne peut voir sans regret que la supériorité de rang envahisse un hommage qui n'est dû qu'au talent ou à la vertu. Mais peut-être n'est-ce pas celle des usurpations qui est le plus répréhensible ; car le maintien de l'ordre social semble exiger que la supériorité de mérite soit présumée dans la supériorité de rang qui doit en être l'indice, et la récompense, et cette falsification de l'expression, ce mensonge qui, par une interprétation convenue, a cessé d'être mensonge, est devenu partie intégrante du régime politique surtout dans un état despotique.

dignité, ne lui parlaient que comme à un individu : et on tutoyait César, le maitre du monde connu ; mais les modernes pluralisent l'homme auquel il est dû le moindre égard ; on croit lui faire honneur en gonflant ainsi l'idée de son existence, ce mensonge de la politesse n'a point lieu dans le Tunkin ; mais il y a des mots indicatifs de la supériorité ou de l'infériorité de la personne à laquelle on parle.

Il est bien d'autres formules fines, délicates, et indicatives d'un haut degré de civilisation. On a dit, non sans raison, que la politesse dissimule et voile le moi, dont l'exhibition et l'ostentation blessent l'amour-propre d'autrui ; aussi dans le Tunkinois cette expression est adoucie, et modifiée avec un grand art ; on compte jusqu'à neuf mots qui expriment le mot *moi* avec des différences et des nuances ; et de ces mots il en est un qui est réservé exclusivement pour l'empereur.

Cette langue a aussi un caractère de décence et de pudeur qui convient à un peuple civilisé et poli, mais qui n'est pas une preuve bien sûre de la pureté des mœurs ; car souvent moins un peuple est chaste, plus il est nécessaire que sa langue le soit, parce que toute expression susceptible de deux sens, est interprêtée dans le sens le plus licentieux.

Les langues du Laos et du Lac-tho, comme

les habitans de ces pays sont peu civilisés, admettent peu de formules obséquieuses; et dans le Lac-tho les enfans parlent à leurs père et mère avec un ton d'égalité, et sans nuances d'expressions indicatives de respect.

(6) Chaque nation a une prononciation qui lui est particulière, ainsi que son idiôme; et qui de même que l'idiôme, a des rapports avec le caractère national. La grossièrete et la férocité ont des accens qui s'adoucissent à mesure qu'il y a moins d'âpreté et de dureté dans les mœurs; les sauvages, surtout quand ils sont féroces, ont une élocution dont les dissonnances offensent l'oreille; la différence de l'articulation et des sons de la voix est remarquable même entre les peuples voisins, entre les Allemands, les Italiens, les Français, les Espagnols, et entre les habitans d'un même pays à diverses époques. Les Français de nos jours ont antipathie pour l'espèce de croassement des Gaulois, leurs ayeux. La prononciation des anciens habitans de l'Attique les plus civilisés des Européens, a eu et a mérité la plus grande célébrité par la variété, la gradation, la concordance, la mélodie de ses sons, et il paraît que, sous ce rapport, la langue du Tunkinois doit partager ces éloges. Plus humain, plus doux que le Chinois, il a aussi une voix plus concordante avec ces sentimens. Cette langue, surtout quand elle est parlée dans toute sa pureté, comme à

Bac-kinh, a des intonations graduées, qui ne diffèrent de celles du chant que par une moindre explosion de la voix ; et cette élocution pourrait être notée comme le chant.

Malheureusement on s'est servi des modifications variées de la prononciation, pour attribuer à un même mot des sens différens ; ce qui appauvrit la langue, et peut donner lieu à des équivoques. Le mot, *ma* suivant la manière dont on le prononce, a six significations très-différentes. *Diable*, *mais* particule, *joue*, *cadavre qu'on porte en terre*, *le riz mis en pépinière*, *l'écaille d'un animal* *.

Il est beaucoup plus facile pour un Européen d'établir une relation orale avec les Tunki-

---

* Cette défectuosité et cette pauvreté sont sensibles dans plusieurs langues quoiqu'à un moindre degré. Quelquefois même dans le Français la différence de la signification n'est point indiquée par la prononciation, et quelquefois elle ne l'est pas par l'ortographe *autel* et *hôtel* ne diffèrent que par l'écriture et peu par la prononciation, et l'un s'entend d'un monument sacré, l'autre d'une grande maison ; *cœur* est une partie noble d'un animal, *chœur* est la réunion du chant de plusieurs musiciens, ou la partie intérieure d'une église ; *feu* s'entend ou d'un élement, ou d'un mort ; *trompe* se dit d'un instrument employé à la chasse, de la membrane d'un éléphant, ou d'un insecte, d'un arrangement de pierres qui par leur coupe soutiennent une saillie, d'un instrument de musique, autrement nommé guimbarde, d'uno coquille de mer en forme de spirale, &c. &c.

nois qu'avec les Chinois, soit parce que le Tunkinois se prête plus facilement à interpréter ses paroles par des signes indicatifs, soit parce que la prononciation Tunkinoise est plus facile à saisir; et une singularité surprenante est que l'Européen apprend plus facilement que le Chinois à parler Tunkinois; attendu que par l'altération qu'a subie dans le Tunkin la prononciation originaire, il est des modifications d'articulation, difficilement conciliables avec les inflexions de la voix Chinoise.

(7) Autant la prononciation de la langue Tunkinoise est artistement travaillée et graduée, autant l'écriture est brute et indigente. En traçant ici la marche suivie dans la communication de la pensée, parvenue aujourd'hui à un point de perfection, qui en forme une des facultés de l'homme le plus admirable; le point auquel le Tunkinois s'est arrêté, ce qu'il a acquis, ce qui lui manque, deviendra sensible. D'abord cette communication a dû avoir lieu par des signes et par des mouvemens ayant une relation évidente avec une intention. A cette expression visible, en a été jointe une auriculaire par l'émission de sons inarticulés, mais ayant une liaison intime avec la sensation qui les produit, et par là même, souvent plus pathétique que le discours; mais ni ces signes ni ces sons ne pouvaient rendre qu'imparfaitement la pensée encore moins le raisonnement.

les sons par une articulation qui, dans sa perfection, appartient exclusivement à la voix humaine, ont acquis une multitude d'interprétations; et toute pensée a pu être transmise; un autre degré de perfectionnement et une extension de communication, a été de la transférer à un autre organe, de substituer la vue à l'ouïe, d'imiter les objets sur lesquels porte l'expression; ce qui établit relation entre des hommes placés à une distance où ils ne peuvent ni se voir ni s'entendre; entre l'homme qui n'est plus, et celui qui lui survit; et bientôt après on a substitué à l'effigie, moyen long, pénible et difficile, la représentation des parties élémentaires des objets, représentation intermédiaire entre la peinture et l'écriture. Pendant nombre de siècles, les peuples de la terre les plus célèbres ont fait usage de ces caractères conventionels et simboliques, nommés hiéroglyphes. Telle a été la première écriture dans l'orient des Indiens et des Chinois, dans l'occident des Mexicains, en Afrique des Egyptiens, dans le nord de l'Europe des Scytes, dans le midi des Grecs. Mais un nouveau systême de transmission a été inventé, un procédé plus simple a été mis en œuvre; on n'a plus représenté la chose, mais la parole qui l'exprime. D'abord un signe conventionel a été inventé pour chaque mot; ensuite on a écrit les syllabes, puis les lettres, ce qui a opéré une diminution successive dans le nombre des signes représentatifs; et pour parvenir à ce dernier terme de simplification, on a imaginé de décomposer les mots et les syllabes; on a observé dans le son oral des nations les plus policées cinq sons élémentaires, auxquels on a adapté cinq signes qu'on a nommé voyelles; et comme ces sons sont susceptibles de nombre de modifications, on en a suivi la gradation par des signes concomitans et subsidiaires, qui, quoiqu'ils soient en petit nombre, peuvent, par une combinaison infiniment variée, exprimer toute parole, et par conséquent toute pensée.

Les Tunkinois ne sont point parvenus à ce degré de perfectionnement; disciples des Chinois leurs ancêtres, ils n'écrivent ainsi qu'eux ni les syllabes ni les lettres, mais seulement les mots; forme d'écriture, qui a un grand avantage, en ce qu'elle peut être adaptée à toutes les langues; les mots, quels qu'ils soient, pouvant être représentés par les mêmes signes, dès qu'ils ont la même signification; mais presque toutes les nations ont, avec juste raison, rejeté cette écriture, à cause de la multiplicité des signes qu'elle exige, pour égaler le nombre des mots.

L'écriture Tunkinoise a des signes radicaux, qui isolés ont un sens, joints à d'autres ont un sens différent, et par leur forme, leur nombre, leur position respective, représentent tous les mots, dont le nombre est si multiplié par les dénominations particulières données dans cette langue aux variétés d'une même chose, et aux gradations de ses qualités, qu'on fait monter ce nombre, ainsi que dans la langue chinoise, à environ quatre-vingt mille. Aussi les lettrés passent-ils presque toute leur vie à apprendre cette écriture, que presque aucun d'eux ne connaît dans toute son étendue; et ce n'est qu'après de longs et pénibles travaux, qu'ils peuvent s'en servir, pour acquérir les connaissances qu'on obtient par la lecture: préliminaires qui prolongent la voie par laquelle on parvient aux sciences. Dans le reste de la nation, il n'est pas commun de trouver des hommes qui sachent lire et écrire; on prétend cependant que, dans le Tunkin, sur trois hommes on en peut trouver un qui sait tracer quelques caractères ou les lire; mais dans la Cochinchine on n'en compte pas plus d'un sur trente; quant aux femmes, c'est une notion dont elles sont privées comme étant pour elles superflue, et suivant Confutzée ne pouvant leur servir, que comme moyen d'intrigue; ainsi la masse de la nation est réduite au genre d'instruction qui peut être acquis par l'expérience, l'exemple, et la tradition.

Les lettrés ne se bornent pas à leur langue nationale, et apprennent la langue chinoise, qui est pour eux ce que le latin est pour l'Europe moderne, une langue savante; et celle-ci est nécessaire dans ce pays pour la lecture de presque tous les ouvrages sur les sciences et sur les arts. Mais les Tunkinois qui en parlant la langue Chinoise l'ont défigurée par la prononciation, ne l'ont pas moins altérée dans l écriture ; ils en ont même changé les caractères de manière à ne plus reconnaître les signes originaires ; et ce n'est qu'après ces difficultés vaincues, que les lettrés Tunkinois peuvent correspondre par écrit avec les lettrés Chinois.

Quant au mécanisme de l'écriture, il est le même en Chine et dans le Tunkin. Les Européens écrivent de gauche à droite, les Arabes de droite à gauche, les Tunkinois écrivent perpendiculairement. Les habitans du Tsiampa et du Lac-tho ne connaissent point l'écriture. Quelques habitans du Laos écrivent, mais leur écriture n'est point perpendiculaire.

(8) Les missionnaires Européens qui se sont introduits dans le Tunkin, frappés du grand obstacle qu'apporte à l'instruction la défectuosité, et la complication volumineuse de l'écriture Tunkinoise, ont imaginé de la simplifier, et d'y appliquer l'alphabet Européen.

D'après une observation attentive de la langue Tunkinoise, ils ont cru reconnaître que le son de toutes les paroles qui composent cette langue peut, à très-peu d'exceptions près, être rendu par le son indiqué par nos lettres ; et pour en remplir le déficit ils en ont ajouté quatre, un second *o*, un second *u*, un second *b*, un second *d*, les voyelles additionnelles se prononcent comme des diphthongues *o* comme *oe*, *u* comme *ua*.

Pour suivre plus exactement les intonations Tunkinoises, ils ont employé cinq accens, dont trois sont empruntés de la langue grecque, l'aigu, le grave, le circonflexe, auxquels ils ont ajouté l'iota, et notre signe d'interrogation avec une souscription. Ainsi sont exprimés six sons élémentaires de cette langue; *légal* qui n'est marqué par aucun accent, le son *aigu*, le son *grave*, le son *sourd*, le *pesant*, le *léger*. Enfin pour donner plus de précision encore à la modulation si décisive dans la signification des mots Tunkinois, trois accens subsidiaires sont ajoutés, indicatifs des modifications dans les sons élémentaires.

Puisse cette ingénieuse et utile invention être adoptée par les nationaux, malgré leur attachement opiniâtre à tout ancien usage; l'introduction de ce nouveau moyen de transmission de la pensée, serait une grande accélération pour le progrès des connaissances !

CHAPITRE IX.

Sciences.

(1) La carrière des connaissances humaines est immense. Plus on y avance, plus on découvre combien est vaste l'espace qui reste à parcourir. Toutes les nations civilisées y font des progrès continus, mais y marchent d'un pas inégal ; et le Tunkin est encore bien loin du point auquel on est parvenu en Europe, la Cochinchine est encore moins avancée, et les pays adjacens sont beaucoup plus reculés ; quelques-uns même ne paraissent pas encore sortis de l'état de l'ignorance primitive. Dans le Tunkin et dans la Cochinchine les notions scientifiques sont concentrées dans la classe des lettrés nationaux, qui, distingués dans la classe des savans asiatiques, ne peuvent cependant être réputés réellement savans, que chez une na-

tion peu instruite. Disciples des lettrés chinois, ils leur sont inférieurs dans presque tous les genres de connaissance.

(2) La métaphysique, qui, prise dans une acception générale, est l'instrument des sciences, est remplacée par des subtilités frivoles, vaines, ridicules; les mathématiques qui considèrent les êtres sous un point de vue détaché et indépendant des sens, ne sont point cultivées, et il serait difficile de trouver dans tout ce pays un homme qui mérite réellement le nom de mathématicien; on ne connaît aucune règle de la logique, et le raisonnement n'a point de guide; en chimie, sur ce qui concerne la teinture, les Tunkinois ont des notions qui ne sont point à dédaigner, notions pourtant qui se bornent à quelques procédés particuliers, et n'embrassent point l'ensemble de la science. Quoiqu'ils n'entendent point les grands principes de la mécanique, dans plusieurs emplois des forces motives, ils en ont réglé l'action avec intelligence; ils sont très-faibles en astronomie, en ont peu d'instrumens, et ne savent point faire usage de plusieurs de ceux qu'ils possèdent; ils ne sont point en état de connaître la latitude, encore moins la longitude; la révolution diurnelle est partagée pour le jour en trois parties, le matin, le midi, le soir. Le matin et le soir ne font que la moitié du jour. Le midi forme l'autre moitié. La nuit est partagée en cinq veilles.

La révolution annuelle est de treize mois lunaires ; il y a quelque temps on n'en comptait que douze, mais après trois ans on ajoutait deux autres mois, supplément insuffisant pour remplir le vide que laissait cette supposition. La partition de l'année est réglée par un almanach, ouvrage de lettrés, nommés les mathématiciens de l'empereur ; souvent l'observation du ciel et de ses phénomènes dégénère en astrologie, et en prédictions de l'avenir. On fait quelque étude de la physiologie ; mais au lieu de chercher dans la constitution et dans l'organisation de l'homme, ce qui peut lui être utile, ou lui nuire, on s'est appliqué à découvrir dans les formes du corps, et dans les traits du v' age, des signes caractéristiques des qualités de l'âme, du degré d'intelligence, et de la nature des passions, et autres conjectures toujours fort hasardées, lors même qu'elles ne sont pas absolument fausses. En général, le Tunkinois est plus estimable dans les opérations de l'esprit, par une mémoire heureuse, et une imagination brillante, que par les combinaisons et le raisonnement, qui sont les grands instrumens de l'intelligence humaine.

(3) La science la plus importante * surtout si l'on pouvait se flatter d'en posséder les principes

---

* Il ne s'agit ici que des intérêts temporels.

avec certitude, la médicine est le sujet sur lequel les Tunkinois ont le plus écrit; leurs ouvrages sont presque tous des commentaires des livres chinois, auxquels ils ont joint des descriptions assez bien faites de toutes les parties du corps humain, cependant sans en faire beaucoup d'usage. La partie de la médecine que, sans aucune comparaison, ils entendent le mieux, est celle de la cure des maladies par les végétaux, dont l'efficacité dans ce pays est prodigieuse. Ils sont réellement savans en botanique, et ont des états très-bien faits des plantes et des simples de leur contrée, de leurs qualités, et de leurs propriétés, quoique par la multitude et la variété de ces plantes et de ces simples, ces états ne soient et ne puissent être que fort incomplets.

On saigne rarement, et la saignée ne se fait point comme en Europe au bras ou au pied, mais au front; on fait peu d'usage de la purgation, et même on gêne peu les malades sur leur nourriture; cependant on leur interdit les viandes de digestion pénible; mais on leur permet le poisson et on leur prescrit surtout le riz à l'eau comme le meilleur des régimes; on ne fait point usage des lavemens. on applique souvent les ventouses; mais le remède le plus fréquemment employé est une brûlure partielle de la peau, ce qui est l'ancien procédé chirurgical de l'Europe, connu sous la dénomination de *moxa*, et encore aujourd'hui en usage dans quelques contrées, singulièrement en Afrique. Ces brûlures se font avec des herbes aromatiques, on les multiplie jusqu'à dix et quinze fois, suivant la gravité de la maladie; et on étudie avec la plus grande attention la partie du corps où doit être faite l'opération: on mesure avec une exactitude scrupuleuse la distance de la partie à brûler, de la partie qui est estimée être le siége du mal, et on tient qu'une trop grande ou trop petite distance, ou une fausse direction peuvent entraîner les plus funestes conséquences. Ce remède opère une supuration, qui quelquefois produit des guérisons qui tiennent du prodige; on a vu des membres perdus depuis long-temps reprendre subitement leur activité, l'usage de divers sens recouvré, et même à ce qu'on prétend, des femmes stériles devenir fécondes; mais aussi cette brûlure mal appliquée donne lieu à des convulsions terribles, et quelquefois fait périr le malade; les médecins superstitieux prétendent que le feu employé pour ce remède doit être tiré directement du soleil, afin qu'il soit plus pur; d'autres médecins ne croyent point à la nécessité de cette extraction solaire, et ne guérissent ni plus ni moins.

La maladie vénérienne est connue dans ce pays, mais y est moins commune et moins dangereuse qu'elle ne l'est en Europe; et n'est traitée qu'avec des simples, ce qui, suivant la doctrine aujourd'hui admise, ne forme qu'un palliatif, et ne peut opérer une guérison radicale; et par un préjugé absurde, le peuple croit qu'une personne infectée de cette maladie peut guérir, en ayant commerce avec une personne saine.

Quoique la petite vérole fasse de grands ravages dans ce pays, on n'y connaît encore ni l'inoculation, ni la vaccine.

La médecine est partagée en deux sectes, l'une de théoristes, qui étudient les principes de leur science dans les livres chinois, et croient que toutes les maladies résident dans le sang, leur doctrine leur attire une haute considération; l'autre secte de médecins a pour guide l'expérience, tient régistre des effets que produisent diverses espèces de végétaux, et du succès de leur emploi dans diverses maladies: leur systême est que la diète est un des meilleurs remèdes; et ce sont les médecins auxquels on doit le plus de guérisons.

Qui veut, exerce la médecine et la chirurgie; mais il est des brevêts de médecins, et de chirurgiens de l'empereur, qui donnent considération dans l'opinion publique, d'autant que ces brevêts ne sont accordés que d'après un examen subi, singulièrement sur les qualités et les propriétés des plantes. Qnelques médecins chinois viennent de temps en temps s'établir dans le Tunkin, et y ont une grande vogue, parce qu'ils excellent dans la connaissance du pouls, peut-être aussi parce qu'ils sont étrangers. Quand un homme riche est malade, sa guérison est mise au concours, il essaye de divers remèdes; et celui qui réussit le mieux, vaut, au médecin qui l'a donné, le prix du concours.

L'art de la chirurgie est encore moins avancé que la science de la médecine; souvent pour les dislocations, on se contente d'appliquer des simples.

(4) L'imprimerie, ce moyen si fécond de la propagation des connaissances, n'est point inconnue, mais n'est presque d'aucune utilité; il n'y a dans tout le Tunkin qu'une seule imprimerie, placée à *Bac-kinh* capitale de l'empire *. Les caractères sont en bois, et ne sont point mobiles. Pour chaque livre il faut de nouvelles planches, et de nouveaux caractères, ce qui rend l'imprimerie fort dispendieuse. Aussi est-il rare qu'on en fasse d'autre usage que pour les livres religieux, ou la promulgation des lois; et les ouvrages sur les sciences, ne sont répandus que par la voie des manuscrits.

(5) Il faut que ces obstacles aient une grande

---

* Il est possible que dans ces dernières années, il ait été établi une autre imprimerie en Cochinchine à *Phu-xuan*, où l'empereur a fixé sa residence.

force, puisque, jusqu'à présent, ils ont empêché les sciences de prospérer dans un état où elles sont fort honorées, et où tout genre d'instruction est favorisé et protégé. Il y a des écoles publiques, où on donne des leçons de morale, d'économie rurale, d'économie politique, d'art militaire, d'éloquence, de poésie ; et les étudians sont exempts de corvées, et parviennent à la qualité de lettrés, qui élève au dessus de la masse du peuple. Trois grades de lettrés, bachelier, licencié, docteur : grades auxquels on ne parvient pas par un temps d'étude, mais qui sont conférés annuellement au concours, d'après le suffrage de personnes capables d'en juger ; et il n'est point de places sur la collation desquelles la faveur ait moins d'influence. A la qualité de lettré docteur, est attribuée la dignité de mandarin, mais sans fonctions politiques, réserve d'autant plus sage que ces fonctions détourneraient de l'étude des sciences, et que les sciences ne rendent pas toujours propre au gouvernement.

CHAPITRE X.

Littérature.

(1) Ce que les fleurs sont aux fruits, ce que le vernis est à la substance qu'il couvre, ce que les beaux arts sont aux arts mécaniques, la littérature l'est aux sciences ; c'est le luxe de l'esprit. Dans cette exposition et cette parure des idées, les Tunkinois ont une grande opinion de leurs talens; obligés de se reconnaître inférieurs aux Chinois dans les sciences, ils prétendent leur être supérieurs en littérature ; c'est un genre de prétention qu'adopte assez facilement la vanité des nations, parce qu'en matière de goût les principes et les limites ne sont ni aussi fixes, ni aussi sensibles que dans la sphère des sciences ; mais malgré l'opinion avantageuse que les Tunkinois ont

conçue de leurs productions littéraires, elles ne peuvent trouver d'admirateurs, que dans le Tunkin.

(2) La richesse de la langue Tunkinoise, la multitude de mots qu'elle possède, les expressions différentielles qui désignent les nuances d'une même chose, et les gradations des qualités, semblent servir essentiellement la littérature, dont les mots sont les matériaux ; mais comme cette abondance et cette variété sont presque exclusivement bornées à la dénomination des substances, et des productions du sol, cette richesse de nomenclature est un avantage de peu de conséquence pour la littérature, qui peint plus qu'elle ne définit, et dont l'objet principal est la manifestation et le coloris des opinions et des sentimens.

(3) Le style Tunkinois est sage ; les auteurs ne se permettent point de dénaturer les expressions par un emploi forcé. Point de métaphores exagérées, point d'hyperboles gigantesques, point d'images monstrueuses par leur excès ; les montagnes ne sautent point comme des beliers ; le nez d'une jolie femme ne ressemble point à une tour, style ordinaire du sud-ouest de l'Asie. Ce serait une observation curieuse de rapprocher le style des nations de leurs climats et de leurs mœurs ; on pourrait observer des zones dans le style, le nord manquant de figures et de mouvement sans toutefois manquer d'énergie, le midi parlant, écri-

vant avec emphase; les contrées intermédiaires connaissant une plus juste mesure; et il serait assez naturel d'attribuer à la douce température dont jouissent les Tunkinois la sagesse et la rectitude de leur style. Quant à l'élégance et à la grâce du style, au bon goût, à l'appréciation des convenances, à la légéreté et à la finesse de la plaisanterie, c'est un genre de mérite littéraire, qui tient peut-être à la délicatesse des organes, mais surtout à un rafinement de conceptions et de procédés, à des formes sociales qui sont peu analogues aux pensées et aux mœurs de ce pays, et même à celles de presque tout l'Asie.

(4) Un des genres de littérature dans lequel les Tunkinois s'exercent le plus, et ont plus de succès, est l'art oratoire; ils ont d'autant plus d'intérêt à s'y exercer, que les succès qui y sont obtenus donnent considération; par l'éloquence on commande dans les assemblées de communes; on peut dans les assemblées religieuses s'ériger un prédicateur; dans les discussions judiciaires dont personne n'est à l'abri, et dans lesquelles on n'a de défenseur que soi-même, une discussion exacte et bien raisonnée, et une diction pure sont d'un grand avantage. Les orateurs improvisent et ne préparent que leurs plans; ce qui donne à leurs discours une sève, une chaleur, que n'a point le débit de ce qui émane de la mémoire; mais leur genre d'éloquence n'en admet point

les grands mouvemens, et les figures hardies ; cet éclat, ce faste oratoire ne réussiraient point dans la discussion judiciaire, paraîtraient même un moyen deséduction, et indisposeraient les juges ; ils ne seraient pas moins déplacés dans l'annonce des vérités célestes, et scandaliseraient ; cependant dans les sermons il se trouve quelquefois des traits pathétiques, que ne désavoueraient point les maîtres de l'art.

(5) On écrit beaucoup sur la morale ; mais presque tous les ouvrages composés sur ce sujet, ne sont que des traductions ou des commentaires de livres chinois, et surtout des livres de Confutzée, considérés par ses disciples, comme le dépôt de tout ce qu'il est utile d'apprendre, et possible de savoir.

(6) Leur histoire se borne à des annales, qui même sont très-fautives, transmettent nombre de faits faux, invraisemblables, impossibles ; lors même que la relation est véridique, elle ne fait point penser ; elle n'inspire point l'amour de la vertu ; elle ne découvre point l'origine des malheurs dans les fautes.

(7) Ils réussissent moins mal dans la poésie ; et ont un assez grand nombre de poëtes, dont pourtant la plupart méritent moins ce titre que celui de versificateurs. Leurs vers sont cadencés, rimés ou blancs, mais composés d'un certain nombre de mots, qui forment une mesure. Leurs

pièces de vers sont le plus communément des épigrammes, et des chansons, et surtout des collections de cantates de trois ou quatre cents vers, que les gens riches chantentdans leurs festins, les gens de peine pendant leurs travaux, et leurs femmes et leurs enfans joignant leurs voix à celles des hommes, charment l'ennui du travail. Ainsi les vers sont ramenés à leur destination originaire qui est d'être chantés.

Le sujet de ces poëmes le plus commun et presque unique, est de célébrer de belles actions, des victoires et quelques autres événemens glorieux pour la patrie; et c'est un usage bien louable de l'esprit et de la poésie que les rendre les historiens du courage et de la vertu. Quelquefois les descendans des grands hommes composent en l'honneur de leurs ancêtres des poëmes qui perpétuent le souvenir de leurs hauts faits; et ces archives poétiques donnent aux familles une grande célébrité.

(8) On ne compose point de romans, mais on cultive l'art dramatique en y suivant des erremens très-différens de ceux d'Europe. La plupart des drames sérieux ne sont que des récits versifiés d'événemens nationaux; nulle distinction d'actes, des scènes d'une longueur fort inégale, nul art dans le dialogue, nulle intrigue suivie, point d'intérêt gradué; on parle aux yeux plus qu'à l'entendement ou à la sensibilité. Les

pièces comiques sont le plus communément des farces. On y introduit ce que les Italiens appellent un *gracioso*, plaisant de profession, dont les facéties consistent principalement dans des paroles obscènes soutenues d'une pantomime forcée et ridicule. Plusieurs drames sont tirés du théâtre chinois; un des plus en vogue a pour sujet ce qui occupe le plus communément le théâtre, l'amour, et les atteintes portées au pacte conjugal. Une femme qui a un amant, n'ayant pas trouvé de meilleur expédient pour se soustraire à l'inspection de son mari, que celui de l'assassiner, saisit le moment, où il est dans son lit qui est placé sur le théâtre, pour lui donner un coup de hache dans la tête. La hache est échancrée de manière qu'elle paraît enfoncée dans la tête; et le coup est donné si adroitement qu'il rompt des vessicules adaptées au front, et dans lesquelles du sang est renfermé. Le mari s'élance de son lit, et parcourt le théâtre portant au front la hache dont il a été frappé; le sang ruisselle sur son visage, il jette de grands cris, a toutes les convulsions de la douleur, et meurt. Ses cris appellent les voisins; un mandarin survient, interroge la femme, la juge coupable et la condamne à être écorchée vive, exécution qui se fait dans la coulisse; mais la femme écorchée reparaît sur la scène, et chante au mandarin des airs tendres, pour l'engager à se contenter de la peine infligée, et à lui accorder la rémission de son crime, afin que dans l'autre monde, où elle va se rendre, elle ne porte pas le titre de coupable.

(9) Les guerres civiles, les ravages, la dévastation qu'ont éprouvés le Tunkin et la Cochinchine, ont, depuis quelque temps, effrayé et éloigné de ces pays les muses, qui déjà n'y avaient pas d'établissement bien assuré ; il est possible qu'un jour elles y fassent leur résidence ; d'autant que l'esprit national a de l'aptitude pour les productions d'imagination ; l'époque de ces succès littéraires qui ne paraît pas très-prochaine serait accélérée, si les ouvrages, qui ont illustré les lettres en Europe, étaient traduits en langue Tunkinoise, et la littérature pourrait, ainsi qne les sciences, être un moyen d'introduction des Européens dans ce pays.

FIN DU 1er VOLUME.

De l'Imprimerie de Vogel et Schulze, 13, Poland Street, Londres.

ERRATA DU PREMIER VOLUME.

Page 17, *Ligne* 11, du Canton, lisez, de Canton

—— 18, —— 27, du Keeho, lisez, de Kecho

—— 19, —— 2, Phu-suan, lisez, Phu-xuan

—— 21, —— 10, de Tsiampa, lisez, du Tsiampa

—— 22, —— 27, Bac-King, lisez, Bac-Kinh

—— 27, —— 15, près des, lisez, dans les

—— 28, —— 22, un, lisez, une

—— 30, —— 7, en quatre saisons généralement admise, lisez, généralement admise en quatre saisons

—— 31, —— 22, provinces, lisez, provinces ;

—— 35, —— 10, temps. lisez, temps ;

—— 37, —— 9, allusions, lisez, alluvions

—— 39, —— 18, rempli, lisez, remplit

—— 40, —— 1, l'Asie et l'Archipel, qui couvrent ,lisez, l'Asie, et lA'rchipel qui couvre

—— 20, Petunzé, lisez, Petuntzé

—— 44, —— 27, lilon, lisez, filon

—— 45, —— 13, Mongul, lisez, Mogol

—— 46, —— 24, mancenitier, lisez, mancenilier

—— 50, —— 10, long, lisez, longs

—— 16, la formé, lisez, l'a formé

—— 52, —— 16, profondément, lisez, profondément.

—— 58, —— 2, ajoutez après 700,000, le Laos 11, à 12000

—— 59, —— 5, ces, lisez, ce

—— 62, —— 9, pussent, lisez, puissent

—— 66, —— 24, fournit, lisez, fournisse

—— 26, le combat et, lisez, le combat, et

—— 73, —— 15, l'éléphant le plus fort, lisez, l'éléphant, le plus fort

—— 74, —— 1, quelquefoi, lisez, quelquefois

—— 24, c'était, lisez, c'étaient

—— 26, les rhinocéros, lisez, le rhinocéros

—— 78, —— 19, venins, lisez, venin

—— 25, cerfs, lisez, cerf

—— 79, —— 14, font, lisez, sont

—— 80, —— 21, tige et l'épi, lisez, tige, et l'épi

—— 83, —— 11, forts, lisez, fort

—— 85, —— 10, celles, lisez, celle

—— 88, —— 30, ignauce, lisez, igname

—— 89, —— 19, Chinchou, lisez, Chinchou,

—— 23, terrein, déserts, lisez, terreins déserts

—— 95, —— 28, douce, lisez, douces

—— 101, —— 22, avantageux, lisez, avantageuse

—— 107, —— 21, produit, lisez, produise

—— 108, —— 14, couleurs, lisez, couleur

Page 109, *Ligne* 19, l'un, lisez, l'une
—— 113, —— 4, areques, lisez, arequiers
—— 119, —— 17, il a fait, lisez, il fait
—— 120, —— 19, dans ces mers des poissons, lisez, il est dans ces mers, comme nous l'avons observé, des poissons
—— 28, qui y surnagent, lisez, qui surnagent
—— 122, —— 14, maille, lisez, mailles
—— 123, —— 24, uns, lisez, unes
—— 134, —— 4, les, lisez, la
——25, que, lisez, qu'a
—— 138, ——10, ne sont que des, lisez, sont des
—— 150, ——10, ces ornemens bisarres, lisez, ces ornemens étaient bisarres
—— 156, ——11, par des montagnes, par des déserts, par des terres, lisez, par des montagnes, et par des terres
—— 163, —— 2, et, lisez, est
—— 165, ——12, fraudes même qui, lisez, fraudes qui
—— 173, —— 6, sortir, lisez, sortie
——10, nationales, lisez, nationale
—— 183, ——18, distribuées, lisez, distribués
—— 197, Seconde partie, ajoutez : De l'ordre social
—— 218, ——13, interdition, lisez, interdiction
—— 244, —— 28, (7) à supprimer
23, Vers, lisez, (7) Vers
—— 245, —— 8, Les impôts, lisez, (8) Les impôts
—— 247, —— 11, l'Europe qu'il, lisez, l'Europe, qu'il
250, —— 2, et, lisez, ou
—— 6, étaient, lisez, sont
252, —— 13, résidant, lisez, résident
254, ——17, Cependant avant, lisez, Avant
256, —— 9, sorc, lisez, sac
267, —— 2, qu'a, lisez, que
262, —— 7, empiré, lisez, empire
278, ——22, tous, lisez, tout
282, ——24, des méchans, lisez, du méchant
285, ——18, leurs, lisez, leur
290, ——18, indépendantes, lisez, indépendant
304, ——23, remarkables, lisez, remarquables
306, ——22, girofle, lisez, gérofle
317, ——13, petit, lisez, petits
322, ——13, entervue, lisez, entrevue
325, —— 3, des, lisez, de
336, ——20, est, lisez, soit
337, —— 8, naissant, lisez, baissant
351, ——20, motives, lisez, motrices
353, —— 1, médicine, lisez, médecine
362, ——26, d'actes des scènes, lisez, d'actes ; des scènes

www.ingramcontent.com/pod-product-compliance
Ingram Content Group UK Ltd.
Pitfield, Milton Keynes, MK11 3LW, UK
UKHW021845190726
13855UKWH00001B/156

9 782013 413619